重庆饲草高效生产及加工调制技术

尹权为　李发玉　主编

中国农业出版社
北　京

图书在版编目（CIP）数据

重庆饲草高效生产及加工调制技术 / 尹权为，李发玉主编.—北京：中国农业出版社，2019.3
ISBN 978-7-109-25149-6

Ⅰ.①重… Ⅱ.①尹… ②李… Ⅲ.①牧草－栽培技术－重庆②牧草－综合利用－重庆 Ⅳ.①S54

中国版本图书馆CIP数据核字（2019）第017461号

中国农业出版社出版
（北京市朝阳区麦子店街18号楼）
（邮政编码 100125）
责任编辑 张艳晶

中国农业出版社印刷厂印刷 新华书店北京发行所发行
2019年3月第1版 2019年3月北京第1次印刷

开本：787mm × 1092mm 1/16 印张：9.25
字数：180千字
定价：72.00元

编写委员会

主　编：尹权为　李发玉

副主编：陈东颖　张璐璐　敖方源

编　者（以姓氏笔画为序）：

尹正纯　尹权为　冉启凡　刘　娟　刘明秀

李　舸　李发玉　肖洪波　张　科　张　鹏

张璐璐　陆景伟　陈东颖　范　彦　易　靖

罗　登　敖方源　唐　军　蒋林峰　曾　兵

熊志刚　潘　晓

前言

重庆属湿润季风气候，雨量充沛，有效积温大，水热条件优良，为饲草生长提供了优良的基础条件，饲草种植量逐年增加。据2017年草业统计，全市年末种草保留面积均在110万亩*以上（其中人工种草100万亩以上，改良种草10万亩以上）。人工草地年饲草产量90万吨以上。种植种类以多花黑麦草、多年生黑麦草、饲用甜高粱、青饲青贮玉米、杂交狼尾草等为主。重庆饲草种植在保障草食牲畜“口粮”供给的同时，也在消纳养殖粪污、提升综合植被盖度、保持水土等方面发挥着重要作用。

但是，重庆牧草种植仍存在诸多问题：长期以来对人工种草的重要性还没有得到足够的认识；主导草品种纷杂、主推技术针对性不强，新型技术及模式研究总结不深入；重粮轻草、重畜轻草的思想氛围较重；境内多属丘陵、山区，最低点海拔70多米，最高点海拔2 700多米，相对高差大，气候垂直差异明显。因此，适生牧草的品种和种植技术完全不同，饲草生产及加工利用需要更贴近重庆实际的实用技术。

为加快重庆优质饲草品种及现代草地畜牧业技术的推广，促进科学技术在现代畜牧业发展中的引领作用，重庆市畜牧技术推广总站牵头，重

* 亩为非法定计量单位，1亩=1/15公顷=667米^2。——编者注

庆市农业机械技术推广总站、西南大学、重庆市畜牧科学院和部分基层畜牧技术推广站等多单位专家和技术人员参与编写《重庆饲草高效生产及加工调制技术》。以重庆最新研究集成的草地畜牧业实用技术为基础，从土地准备、种子准备、种植方式、栽培及管理、收割调制、实用机械、典型案例七大方面，采用通俗易懂的文字描述，生动实际的图片、简图等表现形式，力求描述清晰、操作性强，以期对从事草地畜牧业生产的管理者和技术人员、种草养畜农户、畜牧相关专业学生等起到指导和参考作用，对西南同样生产条件的地区草牧业发展起到借鉴作用。

由于时间仓促，错误在所难免，敬请读者批评指正。

编者

2018 年 11 月

目录

第一章

土地准备

人工栽培饲草，是发展南方草食家畜的客观要求，能有效解决动物饲养草料区域性供应不足问题，对促进草牧业的健康发展具有重大意义。饲草的高效生产，需要优良的饲草种子、科学的栽培技术、适宜的水肥管理措施和先进的农业机械配备等多方面因素，在丘陵山区对饲草种植的土地应当进行优选、合理规划和宜机化整理整治，以适宜中大型农业机械作业，提高生产效率，降低生产成本。

第一节　选地与规划

重庆属于亚热带季风性湿润气候区，雨量充沛，无霜期长，日照充足，适宜饲草高效生长，人工栽培种植饲草能获取较高的生物产量。重庆饲草高效生产主要有三种模式：一是优选适宜地块，实行规模化、机械化净作饲草；二是利用冬闲田、非耕地季节性种植饲草；三是在果树行间套作饲草。

常年规模化、机械化种植饲草的地块，宜选择坡度小于25°、土层深厚、道路通达、集中连片、灌溉与排水方便的区域。按照拟选地域的海拔高度、土质条件、气候特点等自然要素，结合饲草加工销售利用等市场情况，合理选择适宜的饲草种植品种和生产规模。根据生产规模、种植品种、农艺要求和《高标准农田建设规则》《重庆市丘陵山区宜机化地块整理整治技术规范》要求，对饲草种植地块进行规划，使种植饲草的土地标准化、规格化和宜机化，便于饲草种植的农事管理和机械化作业。

在规划的草食畜牧发展区域，按照种养结合、绿色环保的要求，可积极探索利用冬闲田、非耕地季节性种植饲草和在果树行间套作饲草的技术模式，为农区畜牧业发展奠定基础。

第二节 宜机化地块整理整治

一、技术概述

在规划种植饲草生产区域，按照规划和设计要求，使用挖掘机、推土机、平地机、拖拉机等工程机械，开展以适宜农业机械生产作业为主目标的地块整理整治，使饲草种植地块标准化、规格化、宜机化，解决丘陵山区农业机械下地难、作业难问题，为降低饲草生产人工成本和饲草高效生产提供条件。

宜机化地块，是指适宜乘坐式或者大中型农业机械开展耕作、种植、田间管理和收获等作业，且四周边界明确的地块。

整理整治，是指在一定区域内，采用工程和生物等措施，对细碎异形等地块进行合并，并对地块进出坡道及沟渠道路等进行改造，满足大中型农业机械作业要求的活动。

宜机化地块整理整治建设，应当优先选择已经规模化流转的地块，做到先易后难、循序渐进。应当充分考虑自然条件，因地制宜，坚持绿色轻简、资源循环理念，土方就地就近挖填转运。应当充分利用各类土地整治成果，实现综合利用、互补提升。应当合理选用挖掘机、推土机、平地机、拖拉机等机械设备，进行高效快捷地整理整治作业。应当按照效率优先原则，充分发挥业主的积极性和地块整理整治资金的使用效率及时间效率。

二、建设标准

1. **水平条田**　在地形相对平缓区域，依据排灌方向沿等高线修建的几何形状为长方形或近似长方形的水平条形农田。

2. **坡式梯田**　在地面坡度相对较大地区，依据地形在坡地上分段沿等高线修建的阶梯式农田。

3. **缓坡地块**　在地形相对较缓地区，依据排灌方向修建的几何形状为长方形或近似长方形的缓坡状地块。

4. **梯台地块** 在地面坡度相对较陡地区，依据地形和等高线修建的阶梯状或者斜坡状梯台式地块。

三、建设内容

1. **地块互联互通** 通过开挖回填田埂土坎等工程措施，修建地块进出坡道、完善田间道路，实现相邻地块之间、地块与道路之间衔接顺畅，满足大中型农业机械进出地块需要。

2. **消除作业死角** 对尖角、弯月形等影响农业机械作业的异形地块，进行开挖回填、截弯取直等整理整治，满足大中型农业机械作业要求。

3. **优化地块布局** 地块小并大、短并长、弯变直，实现以条带状分布为主，延长机械作业线路，减少机械折返频次。

4. **合理布局沟渠** 根据整理整治后的地块坡向和其他相邻地块雨水排泄流向，合理布局沟渠。沟渠的修建应兼顾农业机械通行需要，深开围沟、背沟，少开或浅开厢沟。

5. **砾石填埋处理** 地块整理整治中的砾石，宜就近集堆深埋处理。

6. **土壤培肥熟化** 地块整理整治后，通过秸秆还田、绿肥种植、粪肥施用等生物生态培肥方式，结合深松、旋耕等农业机械化措施，快速培肥熟化土壤，提升地力。

四、技术要求

（1）水平条田单块长度应不小于 100 米，宽不小于 30 米；或面积宜大于 5 亩。

（2）坡式梯田单块长度应不小于 50 米，宽不小于 20 米，或面积宜大于 2 亩。

（3）单块旱地纵向坡度≤10%，横向坡度≤3%，平均农业机械生产行径路线≥50 米，面积越大越好。

（4）最大挖填高度≤1.5 米。

（5）砾石埋置深度≥0.5 米。

（6）进出地块坡道坡度≤20%，宽 2 ~ 3 米。

五、建设程序

1. **地形测绘** 测绘 1∶500～2 000 原貌地形图。

2. **规划设计** 对地形图进行深度分析，并实地踏勘；对饲草种植生产与非生产区域进行合理规划并定点；对饲草种植生产区域需要整理整治的地块进行分区并编号；对地块的互联互通、沟渠布局等进行规划设计，形成地块整理整治方案。

3. **施工设计** 根据规划方案和种植品种及农艺要求，认真细化方案，绘制总平面图，制作施工图，并对图标、图例、技术要求等进行说明。

4. **现场放线** 在地块整理整治现场，可结合实际在地形图上找参照点手工放线，也可查找坐标点、推算坐标值后用仪器放线。

5. **工程施工** 按照规划和施工设计方案组织施工。尽可能先剥离表层耕作土壤堆积待用，然后将地块整理整治成形，再将剥离的表层耕作土壤均匀摊铺在整治成形的地块表面或与表层生熟土混合。应当尽量避免生土覆盖地块表层。

6. **资料整理** 地块整理整治完成后，应将项目申报、立项批复、地形图测绘、规划设计、施工图设计、工程施工、质量检查、竣工图纸等文字、图表、影像资料等进行整理归档。

7. **竣工验收** 项目竣工后，按照规定报请主管部门进行竣工验收。

六、适宜区域

适宜坡度≤25°的重庆市丘陵山区，因地制宜开展宜机化地块建设。

七、注意事项

宜机化地块建设施工应尽量避开雨季，并应遵守国家和行业有关安全生产的规定，做到安全文明施工。

八、应用实例

重庆大地牧歌农业发展有限公司在丰都县连片流转土地 3 000 余亩，开展以皇竹草为主的饲草生产及加工，更好地服务于丰都及周边肉牛产业发展需要。由于原有土地基本上是坡地梯田，土地承包到户后田块更加细碎凌乱，部分撂荒，土地利用率和产出率很低，饲草生产难度大。近年，通过地块宜机化建设进行坡地整治，消除了田埂、厢沟，减少了耕作死角，耕地面积增加了 3% 左右；土地利用效率随之提升，每亩土地的产量及收益平均提高 10% 左右；使用大中型农机作业代替以往的人工或中小型农机作业后，每亩节约成本 300 ~ 400 元，效益明显，见图 1–1 至图 1–3。

图 1–1　梯台地块改造（重庆市农业机械技术推广总站　供）

图 1–2　梯台地块改造（重庆市农业机械技术推广总站　供）

图 1–3　梯台地块改造（重庆市农业机械技术推广总站　供）

第三节　深松与耕整

一、深松与培肥

地块宜机化整理整治建设后，由于土壤表层多数属于生熟土混合，表层土壤的有机质下降，急需采用机械化深松、旋耕与浇灌沼渣沼液粪肥或施有机肥相结合等方式进行培肥熟化，进一步调整平整地块，使其尽快适宜饲草生产，有效提高饲草产量。

（一）深松

农机深松技术是保护性耕作技术的重要内容。农机深松是指利用深松机械在作业时局部松动耕作层土壤，并保持原有土壤层次和地貌的一种耕作技术（图 1–4、图 1–5）。深松深度一般在 25 ~ 40 厘米，以能打破犁底层为基准。深松有利于增加土壤通透性，形成水、肥、气、热通道，协调土壤生态环境，全面提高土壤保水、保肥、供水、供肥能力，使土壤深层养分与耕作层实现良性互动。深松有利于作物根系的生长，促进作物根系下扎，增强作物抗旱、耐涝和抗倒伏能力，提高作物产量。深松有利于肥料深施，提高肥料利用率，并可增强土壤中微生物的活动能力，加快对矿物质养分的分解和转化，提高土壤养分含量。机械化深松作业应遵循以下原则：

图 1-4　土地深松作业（重庆市农业机械技术推广总站　供）

图 1-5　深松作业深度（重庆市农业机械技术推广总站　供）

（1）深松作业应该根据土壤的墒情、耕层土质等具体情况确定，一般用于饲草生产的地块深松应提倡以全方位深松为主、局部深松为辅的原则。

（2）作业季节土壤含水量较高，比较黏重的地块不宜进行深松作业，尤其不宜采用全方位深松作业，以防止下年出现坚硬板结的垡条而无法进行耕作。

（3）深松深度可根据不同目的、不同土壤质地来确定，一般情况下，耕层深厚，耕层内无树根、石块等硬质物质的地块宜深些，否则宜浅些。

（4）作业时在主机能够正常牵引的挡位上尽可能大油门提高行进速度，以便获得理想的深松作业质量。

（二）培肥

地块宜机化建设后，每亩宜浇灌腐熟的沼渣沼液粪肥 5～8 吨或施有机肥 1～2 吨。同时，可撒播豆科作物或者其他绿肥种子，在适宜时期使用拖拉机配套旋耕机进行压青培肥，提升土壤地力。在果树行间种植绿肥前也可进行机械化深松与施肥相结合，促进果树和饲草的快速生长。

二、土地耕整

饲草种子播种前，应当使用农业机械进行耕整土地作业（图 1–6），以创造一个疏松，且水、肥、气、热较为协调的土壤环境，提高饲草种子发芽率，为高效生产奠定基础。机械化耕整土地作业应遵循以下原则。

（1）地块耕翻整地要全面，碎土要充分，厚薄要均匀，耕整后的地块表面要平坦，土壤要疏松，以利于种子发芽生根。对少数未翻耕的部分应当用人力进行翻耕平整碎土。

（2）耕深要符合农艺要求，并非越深越好，瘠瘦土地若耕作太深，反而易将生土翻到地表层，并不利于作物生长。即使肥沃的土地，耕深也不宜超过 30 厘米。

（3）秸秆还田应符合农艺要求，尽量减少地表裸露。秸秆、杂草在未腐熟前并不是肥料，只有在土壤中充分腐熟后才能成为肥料。

（4）排水沟渠设置和开挖应满足排水及宜机化的作业要求。深开主沟、围沟，少开或浅开厢沟，将地块划分成长方形，以利于灌溉排水、田间中耕管理和饲草机械收获。

图 1-6　种植前整地（尹权为　摄）

第二章

种子准备

第一节　种子选择

一、选种依据

（一）自然条件

1. **气候条件**　重庆属亚热带季风性湿润气候，冬暖春早，夏热秋凉，四季分明，无霜期长；空气湿润，降水丰沛；太阳辐射弱，日照时间短；多云雾，少霜雪；光温水同季，立体气候显著。年平均气温在18℃左右，冬季最低气温平均在6～8℃，夏季较热，7—8月日最高气温在35℃以上，日照总时数1 000～1 200小时，常年降水量1 000～1 450毫米。

在这种气候条件下，相对耐寒的热带饲草和喜湿润的温带饲草结合不同地区的海拔条件稍加选择均可种植。

2. **海拔条件**　重庆地区地势起伏大，北部、东部、东南部和南部地势高，海拔1 000米以上的山地较多，最高处大巴山的川鄂岭海拔2 796.8米；西部地势低。全市最低处为巫山长江水面，海拔73.1米。全市地域构成海拔从300米到2 400米的7级层状地形，逐级分别由南北向长江河谷降低。

因此，不仅不同区县的海拔高度不一样，同一个区县的海拔高度也有可能相差很大。而海拔高度直接影响温度，因此在饲草种类选择时，要充分考虑海拔这个因素。例如，在高海拔地区应选择耐寒性较强的饲草种类以利于其越冬，在低海拔地区应选择较耐热的饲草种类以利于其越夏。

饲草种类选择具体参考如下：

（1）低海拔地区（500米以下）　选择饲用玉米、青贮玉米、饲用甜高粱、一年生黑麦草、牛鞭草、皇竹草、杂交狼尾草、象草类饲草、白三叶、拉巴豆等。

（2）中高海拔地区（500～1 000米）　选择饲用玉米、青贮玉米、鸭茅、一年生黑麦草、多年生黑麦草、燕麦、紫花苜蓿、红三叶、白三叶、拉巴豆等。

（3）高海拔地区（1 000米以上）　除皇竹草、象草、杂交狼尾草、高粱属作物等不耐寒的热性饲草种类外，重庆主推的大多牧草种类均可种植。

（二）饲草种类的生物学特性

每种饲草种类的生物学特性都会有不同程度的差异，它们对土壤、温度、湿度、水肥条件要求不一，只有在最适宜的生长条件下，才能获得最大的生物产量，生产者才能获取最大利润。因此在饲草种类选择上，要充分了解所选择饲草的生物学特性，避免选种失误，造成不必要的损失。

（三）饲草种植地的土壤、水、肥条件

饲草种植地确定后，要充分了解其土壤（沙质、壤质、黏性等）、水（水多水少、保不保水）、肥（肥多肥少、保不保肥）条件，根据这些条件选择适宜种植的饲草种类，以保证用对的地种上对的草，最大限度地发挥单位面积土地利用价值。

（四）饲草利用方式

饲草种植者在选择草种之前要大致确定所种饲草的利用方式，如果是用作人工饲草收割用（青饲、青贮、青干草），适宜选择植株高大，且年产量高的饲草种类，对于耐践踏性可不用考虑，一年生或多年生均可；如果是用于放牧地利用，则适宜选择植株低矮、耐践踏的多年生饲草种类。

（五）饲喂的牲畜类型

不同牲畜种类的消化方式及能力有差异，对饲草的营养需求也不同，因此，饲草种植者应根据所饲喂的牲畜类型，选择合适的饲草种类。例如，对于牛、羊等大型草食牲畜，其对粗纤维的消化能力较强，采食量也较大，可选择的饲草种类就比较广，如植株高大且生物产量高的皇竹草、象草类饲草、杂交狼尾草、饲用甜高粱、青贮玉米等饲草种类比较适合；对于兔、鹅等小型草食畜禽，其对粗纤维有一定的消化能力，但消化能力较弱，应选择粗纤维含量低、质地较柔软的饲草种类，如多花黑麦草、白三叶等。

二、主推种类

（一）豆科牧草

1. 紫花苜蓿

（1）特性　紫花苜蓿（图 2-1）为多年生豆科牧草，一般生长期为数十年，集约化利用 3～5 年。种子为肾形，黄褐色。喜温暖半干旱气候，日均温度 15～20℃最适生长，高温、高湿对其生长不利。抗寒、抗旱能力很强。沙土、黏土均可生长，但最适土层深厚、富含钙质的土壤，适宜的土壤 pH 为 7～8。生长期间最忌积水，连续水淹 1～2 天即大量死亡，要求排水良好，地下水位在 1 米以下。

（2）经济价值　紫花苜蓿以“牧草之王”著称，草质优良，富含粗蛋白质、维生素和无机盐。蛋白质中氨基酸比较齐全，动物必需的氨基酸含量丰富。干物质中粗蛋白质含量为 15%～25%，相当于豆饼的一半，比玉米高 1～1.5 倍。适口性好，可青饲、青贮或晒制干草。幼嫩的苜蓿饲喂猪、禽、兔和草食性鱼类，饲喂时注意和禾本科牧草混喂，防止家畜因食用苜蓿过量引起膨胀。每年可刈割 3～4 次，晒制干草应在 10% 植株开花时刈割，留茬高度以 5 厘米为宜。一般亩产鲜草 3 000 千克，高者可达 5 000 千克以上。

图 2-1　紫花苜蓿（陈东颖　摄）

（3）栽培要点　紫花苜蓿种子细小，播前要求精细整地，并保持土壤墒情，在贫瘠土壤上每亩施腐熟农家肥 3 000 ~ 5 000 千克或尿素 15 千克 + 磷二铵 20 千克用作底肥。一年四季均可播种，重庆地区采用秋播方式。秋播可于 9 月播种，利于早春后返青和苗齐。一般多采用条播，行距为 30 ~ 40 厘米，播深为 1 ~ 2 厘米，每亩播种量为 1 ~ 1.5 千克。苗期生长缓慢，易受杂草侵害，应及时除草。

2. 白三叶

（1）特性　白三叶（图 2–2）为多年生豆科牧草，种子心脏形或卵形，黄色或棕黄色，种子小，千粒重为 0.5 ~ 0.7 克。喜温暖湿润气候，生长最适温度为 19 ~ 24℃。喜光，在阳光充足的地方生长繁茂，竞争力强。喜湿润，耐短时水淹，不耐干旱，生长地区年降水量应不低于 600毫米。适宜的土壤 pH 为 6.5 ~ 7.0 中性沙壤，不耐盐碱，再生力强。

（2）经济价值　白三叶营养丰富，饲养价值高，粗纤维含量低，干物质消化率 75% ~ 80%。干物质中各营养物质含量分别为粗蛋白质 24.7%、粗脂肪 2.7%、粗纤维 12.5%、粗灰分 13%、无氮浸出物 47.1%。草质柔嫩，适口性好，大多家畜家禽都喜食。由于草丛低矮，最适宜放牧利用，但是如果采食过量，牛、羊会发生膨胀病，要及时瘤胃放气。白三叶最适宜与禾本科的

图 2–2　白三叶（陈东颖　摄）

黑麦草、鸭茅、羊茅等混播，以便安全利用。刈割白三叶草可以喂猪、牛、羊、兔、禽、鱼和鹿等。一般亩产鲜草 2 500 千克，高者可达 3 500 千克以上。

（3）栽培要点　白三叶种子细小，播前需精细整地，翻耕后每亩施腐熟农家肥 1 500～2 500 千克 + 过磷酸钙 20～25 千克。可春播，也可秋播，一般采用秋播，单播每亩播量为 0.5～0.7 千克。与禾本科的黑麦草、鸭茅、羊茅等混播时，禾本科与白三叶比例为（2～3）∶1。单播多用条播，也可用撒播，条播行距 30 厘米，覆土要浅，0.5～1 厘米即可。在未种过白三叶的土地上首次播种时，用白三叶根瘤菌拌种更好。苗期生长慢，要注意防除杂草危害。每年要施磷肥，混播地适量增加氮肥，保持草地高产。

3. **红三叶**

（1）特性　红三叶（图 2-3）为多年生豆科牧草，一般生长期为 3～5 年。种子椭圆形或肾形，棕黄色或紫色，种子细小，千粒重 0.7 克左右。喜温暖湿润气候，夏季温度 35℃以上生长受抑制，持续高温容易造成死亡。红三叶耐湿性好，耐短时水淹，耐旱性差，在年降水量 1 000～1 500 毫米中高地区生长良好。适宜土壤 pH 为 6～7 的中性或微酸性土壤，土质肥沃的黏壤土生长最佳，再生力强。

（2）经济价值　红三叶营养丰富，饲养价值高，粗纤维含量低，干物质消化率 61%～70%，干草中含粗蛋白质 17.1%、粗纤维 21.6%。红三叶草质柔嫩，适口性好，大多家畜家禽都喜食；红三叶草地适合刈割和放牧利用。初期单一采食过量，牛、羊会发生膨胀病。红三叶适宜与禾本科的黑麦草、鸭茅、羊茅等混播，建设成为人工草地，以便安全利用，也适合青贮、打浆等方式利用，可以饲喂牛、羊、兔、禽、鱼和猪等。

（3）栽培要点　红三叶种子细小，播前需精细整地，翻耕后每亩施腐熟农家肥 1 500～2 500 千克 + 过磷酸钙 20～25 千克。可春播，也可秋播，一般采用秋播，单播每亩播量为 0.7～1 千克，与禾本科的黑麦草、鸭茅、羊茅等混播时，禾本科与红三叶比例为（2～3）∶1。单播多用条播，也可用撒播，条播行距 30 厘米，覆土要浅，1 厘米左右即可。在未种过红三叶的土地上首次种植时，接种红三叶根瘤菌效果更好。红三叶苗期生长较慢，要注意防除杂草危害。每年补施磷钾肥，混播地增加适量氮肥，可以保持草地高产。

图 2-3　红三叶（陈东颖　摄）

4. 拉巴豆

（1）特性　拉巴豆（图 2-4）为一年生或越年生豆科草本饲草。种子为扁圆形，有种脐，黑、褐色，千粒重 250 克左右。喜温暖气候条件，能耐短期高温和短期霜冻，具有晚熟特性，秋季长势依旧旺盛。主根较发达，多侧根，叶量多，茎缠绕、一般为 3～6 米。刈割时留茬够高的话可再生。

（2）经济价值　拉巴豆属豆科饲草，营养价值较高，干草整株粗蛋白质含量为 17%～21%，叶片的粗蛋白质含量为 25% 左右，粗纤维约为 37%。茎叶等可直接饲喂牛、羊、鹅等草食畜禽；因其茎具有缠绕性可以与青贮玉米、饲用甜高粱等高秆饲草间作，共同收获后一起调制青饲料或青贮，可显著提高饲草产品的蛋白质含量。

（3）栽培要点　地块在初次种植拉巴豆时播前最好进行根瘤菌拌种，利于其根瘤形成；穴播，行穴距为 50 厘米 ×（30～40）厘米，每穴播 2～4 粒种子；每亩至少施用 35～40 千克过磷酸钙作底肥，农家肥可根据实际条件选择性使用，一般情况下在其生长期间少施或不施氮肥；苗期生长较慢注意防除杂草；与青贮玉米及饲用甜高粱等高秆饲草间作时，需注意避免密度过大，以免造成青贮玉米及饲用甜高粱减产太多，参考种植密度为高秆饲草：饲用拉巴豆为 1∶3 为宜。

图 2-4 拉巴豆（陈东颖 摄）

（二）禾本科牧草

1. 多花黑麦草

（1）特性 多花黑麦草（图 2-5）又叫一年生黑麦草，为一年生或越年生禾本科牧草，种子千粒重为 2.2 克。喜温热湿润气候，昼夜温度为 27～12℃时生长最快。不耐严寒和干热，最适宜在降水量 1 000～1 500 米的中低海拔地区生长。抗旱和抗寒性较差，耐潮湿，但不耐长期积水。喜欢肥沃的土壤，最适宜在 pH 为 6～7 的土壤上种植。

（2）经济价值 多花黑麦草营养物质丰富，品质优良，适口性好，各种家畜均喜采食。茎叶干物质中分别含粗蛋白质 13.7%、粗脂肪 3.8%、粗纤维 21.3%，草质好，适宜青饲、调制干草、青贮和放牧，是饲养马、牛、羊、猪、禽、兔和草食性鱼类的优质饲草。多花黑麦草生长期长，生长迅速，分蘖多，根系发达，刈割时间早，再生能力强，一般可刈割 4～6 次，亩产鲜草 5 000～8 000 千克。多花黑麦草与红三叶、白三叶混播，可提高产量和质量，为冬春季节提供优质饲草。

（3）栽培要点 多花黑麦草较适于单播，春秋播种均可，重庆地区一般采用秋播，在9月中下旬进行。结合旋耕每亩施腐熟农家肥2 000～3 000千克+过磷酸钙20～30千克。条播行距为30～35厘米，播深为1～2厘米，进口种子每亩播量1.5千克左右，撒播时播种量可适当增加。多花黑麦草喜氮肥，分蘖及每次刈割后宜追施速效氮肥5千克左右，适当灌溉能促进对氮肥的吸收。

图2–5　多花黑麦草（尹权为　摄）

2. 多年生黑麦草

（1）特性　多年生黑麦草（图2–6）是禾本科多年生牧草，适合在年降水量1 000～1 500毫米的中高海拔地区生长，生育期一般206天，分蘖能力较强，种子千粒重1.5克左右，喜温暖湿润气候，最适生长温度为20℃，不耐炎热，35℃以上生长不良，夏季7、8月份生长停滞，9月份后气候转凉时又恢复生长，不耐严寒（–10℃以下），适宜在肥沃、湿润、排水良好的壤土或黏土，pH为6～7的土壤上种植。

（2）经济价值　多年生黑麦草营养丰富，品质优良，适口性好，各种畜禽喜食。干物质中含蛋白质13.5%、粗脂肪4.15%、粗纤维22.4%，草质好，适宜青饲、调制干草、青贮和放牧，是饲养马、牛、羊、猪、禽、兔和草食性鱼类的优质饲草。多年生黑麦草生长期长，生长迅速，分蘖多，根系发达，刈割时间早，年可刈割4～6次，亩产鲜草3 500～6 000千克。与红三叶、白三叶混播，可提高产量和质量。

（3）栽培要点　多年生黑麦草适于单播或混播，春秋季节播种都可以，在重庆地区一般采用秋播，在 9 月中下旬进行。结合旋耕每亩施腐熟农家肥 2 000 ~ 3 000 千克 + 过磷酸钙 20 ~ 30 千克。条播行距为 30 厘米左右，播深为 1 ~ 2 厘米，进口种子每亩播量 1.2 ~ 1.5 千克，撒播时播种量可适当增加。与豆科的红三叶、白三叶等混播时，禾本科与豆科比例为（2 ~ 3）：1。多年生黑麦草喜氮肥，分蘖及每次刈割后每亩宜追肥施速效氮肥 5 千克左右，适当灌溉能促进对氮肥的吸收。

图 2-6　多年生黑麦草（尹权为　摄）

3. 鸭茅

（1）特性　鸭茅（图 2-7）又名鸡脚草、果园草，是禾本科多年生牧草，适合在温暖湿润气候条件下生长，最适生长温度范围为 12 ~ 21℃，28℃以上生长受阻，在年降水量 1 000 ~ 1 500 毫米的中高海拔地区生长良好，生育期一般 268 天。鸭茅分蘖能力较强，种子千粒重 1 克左右。种植条件与多年生黑麦草基本相同，适宜肥沃土壤。

（2）经济价值　鸭茅营养丰富，草质优良，适口性好，各种畜禽喜食。干物质中含粗蛋白质 11.5%、粗脂肪 3.3%、粗纤维 24.7%，适宜青饲、调制干草、青贮和放牧，是饲养马、牛、羊、禽、兔和草食性鱼类的优质饲草。

鸭茅根系发达，生长快，分蘖力强，再生性好，产量高，年可刈割 3～5 次，亩产鲜草 3 500～6 000 千克。可与红三叶、白三叶等豆科牧草混播，建设中高山草地，并提高草产量和质量。

（3）栽培要点　鸭茅适于单播或混播，春秋季节都可播种，在重庆地区一般采用秋播，在 9 月中下旬进行。结合旋耕每亩施腐熟农家肥 2 000～3 000 千克 + 过磷酸钙 20～30 千克。条播行距为 30 厘米，播深为 1 厘米，进口种子每亩播量 1～1.2 千克，撒播时播种量可适当增加。与豆科的红三叶、白三叶等混播时，禾本科与豆科比例为（2～3）：1。鸭茅喜氮肥，分蘖及每次刈割后宜追肥施速效氮肥 4～5 千克，适当灌溉能促进对氮肥的吸收。

图 2-7　鸭茅（尹权为　摄）

4. 苇状羊茅

（1）特性　苇状羊茅（图 2-8）是禾本科羊茅属多年生牧草，根系发达，茎直立，能在贫瘠的山地生长，耐湿、耐旱、耐高温，在温暖湿润地方生长良好，最适宜在肥沃、湿润土地上种植，尤其在 pH 为 4.7～9.5 的土壤中，生长繁茂，非常适合重庆地区种植。苇状羊茅植株较高，茎秆、叶鞘、硬叶表面都比较粗糙，适口性相对较差，一般适合饲喂牛、羊、骡、马等大家畜。苇状羊茅种子千粒重 2.3 克左右，分蘖能力较强。

（2）经济价值　苇状羊茅营养较好，品质优良，但适口性较差，大牲畜可以采食。干物质中含粗蛋白质10%左右、粗脂肪2.5%、粗纤维24.5%，适宜青饲、调制干草、青贮和放牧利用。苇状羊茅生长快，分蘖力强，再生性好，产量高，是一种优秀的地表覆盖植物。与红三叶、白三叶等豆科牧草混播，可提高产量和质量。年可刈割3～5次，亩产鲜草3 500～5 000千克。

（3）栽培要点　苇状羊茅适合单播或混播，春秋季节均可播种，重庆地区一般采用秋播，在9月中下旬进行。结合旋耕每亩施腐熟农家肥2 000～3 000千克+过磷酸钙20～30千克。条播行距为30厘米，播深为1～2厘米左右，进口种子每亩播量1.5～2.0千克，撒播时播种量可适当增加。分蘖及每次刈割后每亩宜追肥施速效氮肥5千克左右，适当灌溉能促进对氮肥的吸收。

图2-8　苇状羊茅（陈东颖　摄）

5. 扁穗牛鞭草

（1）特性　扁穗牛鞭草（图2-9）是禾本科牛鞭草属多年生牧草，根系发达，具根状茎，入土深达1.5米，耐湿、耐旱、耐高温，能在贫瘠的土地上生长，在温暖湿润的地方生长良好，最适宜在肥沃、湿润土地上种植，不同水肥条件对产量影响很大。牛鞭草非常适合在重庆尤其近郊地区种植。牛鞭草茎秆较多，叶量相对较低，草质优良，适口性好，适合饲喂牛、羊、骡、马、兔、鹅、鱼等多种动物。牛鞭草分蘖能力强，一般采用营养繁殖。

（2）经济价值　牛鞭草营养较好，品质优良。干物质中含粗蛋白质9.3%、粗脂肪1.7%、粗纤维27.2%，适宜刈割青饲、调制干草、青贮和放牧利用。牛鞭草生长快，分蘖力强，再生性好，产量高，也是一种优秀的地表覆盖植物。牛鞭草一般年可刈割4～6次，亩产鲜草6 000～10 000千克。

（3）栽培要点　牛鞭草适合单种或混种，春秋季节均可种植，重庆地区一般适宜春季种植，种植前要求耕翻整地，保持湿润，结合翻地每亩施腐熟农家肥3 000～4 000千克。扦插株行距5厘米 ×30厘米，栽插深度3～5厘米，根部压紧。牛鞭草对氮肥敏感，分蘖及每次刈割后每亩宜追肥施速效氮肥5～10千克，夏秋季节保持灌溉，能促进对氮肥的吸收并获得较高的产量。

图2–9　扁穗牛鞭草（尹权为　摄）

6. **燕麦**

（1）特性　燕麦（图2–10）是一年生禾本科植物，可用作粮食生产，也可作为饲草用。根系发达，茎秆直立光滑，有些品种株高可以达到200厘米以上，生育期85～120天；具有一定的抗旱能力，在开花及灌浆期对水分需求较大；喜凉爽但不耐寒，在优良的栽培条件下产量高，最喜富含腐殖质的湿润土壤，对酸性土壤有一定的适应能力。

图 2-10　燕麦（尹权为　摄）

（2）经济价值　燕麦茎秆柔软，叶量丰富，适口性好，各种家畜均喜食，干物质消化率可达 75% 以上，营养价值较高。抽穗期收获的燕麦含粗蛋白 14.7%、粗纤维 27.4%。在重庆适宜青饲或与其他饲草调制青贮产品，年可刈割 2 次，亩产鲜草 5 000 ~ 6 000 千克。

（3）栽培要点　在重庆地区种植燕麦可春播或秋播，一般为条播，每亩用种量为 1 千克左右，行距 30 厘米，播种深度 3 ~ 5 厘米，播种前适当翻耕整地，结合整地施用适量农家肥和磷肥，一般每亩施农家肥 2 000 ~ 2 500 千克 + 过磷酸钙 15 ~ 25 千克，收获期为抽穗期至开花期，因南方地区种植时茎秆过高易倒伏，也可在未达到抽穗期并出现倒伏时提前进行刈割，以免影响产量及品质。

7. 狼尾草属植物及其杂交种　以皇竹草为例，象草、杂交狼尾草等种植可参照皇竹草，见图 2-11 至图 2-14。

（1）特性　皇竹草是禾本科狼尾草属多年生牧草，直立丛生，具有较强的分蘖能力，单株每年可分蘖 50 ~ 90 株，株高 4 ~ 5 米，节数 20 ~ 25 个，节间较脆嫩。因其叶长茎高、秆形如小斑竹，故名皇竹草。皇竹草由象草和美洲狼尾草杂交选育而成，属四碳植物。适宜热带与亚热带气候栽培，喜温暖湿润气候；种植以土深肥沃的沙质土或壤土为宜，抗旱力强，抗涝力弱。可

图 2–11　皇竹草（尹权为　摄）

图 2–12　象草（尹权为　摄）

图 2–13　桂牧 1 号（尹权为　摄）

图 2–14　杂交狼尾草（陈东颖　摄）

耐低温及微霜，但不耐冰冻，重庆地区海拔 700 米以上越冬困难。对土壤的肥力反应快速，牛粪为最佳肥料。

（2）经济价值　皇竹草的产草量和蛋白质含量都比象草高，生长 1 个月高 50 厘米时粗蛋白含量 10.8%，生长 70 ~ 90 天达 150 厘米高时含粗蛋白质 5.9%。适宜刈割青饲、青贮和放牧利用。生长快，抑制杂草能力强，分蘖力强，再生性好，产量高。皇竹草年可刈割 4 ~ 6 次，亩产鲜草 10 000 ~ 15 000 千克，是牛、马、羊等草食动物的良好饲料。

（3）栽培要点　皇竹草多采用种茎扦插，重庆地区适宜 3—5 月种植。最好在栽植的上一年冬季就将土地深翻，经过冬冻，使土壤熟化，在栽种前再浅耕一遍，每亩施农家肥 3 000 ~ 5 000 千克 + 复合肥 30 ~ 50 千克作为底肥。扦插株行距分别为 40 ~ 50 厘米、60 ~ 80 厘米。用较粗壮、芽眼突出的节茎和种蔸作为繁殖材料，每节（芽）为一个种苗，节（芽）可平放，也可斜放或直插，入土 7 厘米左右。皇竹草对肥敏感，分蘖及每次刈割后每亩宜追肥施速效氮肥 10 ~ 20 千克或人畜粪肥。夏秋季节注意保持浇水。

8. 墨西哥玉米

（1）特性　墨西哥玉米（图 2–15）是禾本科草本植物，一年生。颖果呈串珠状，颖壳坚硬、光滑，成熟种子褐色或灰褐色，千粒重 54 ~ 80 克。喜温暖湿润气候，宜在水肥条件好的土地上种植。耐热性强，不耐霜冻，气温低至 10℃以下时，生长停滞，0℃左右会造成死亡。在年降水量 800 毫米以上、无霜期 180 天以上地区均可种植。耐旱性差，持续 15 天以上无雨、土壤水分不足、空气干燥时生长停滞。不耐涝，浸淹数日即引起死亡。对土壤要求不高，海拔 1 200 米以下、pH 5.5 ~ 8.0 的微酸或微碱性土壤均可种植。

图 2–15　墨西哥玉米（尹权为　摄）

（2）经济价值　墨西哥玉米营养丰富，消化率较高，孕穗期时含粗蛋白质13.9%、粗纤维28.5%、粗脂肪2.1%。植株高大，一般2～3米，茎秆粗壮，枝叶繁茂，质地松脆，具有甜味，分蘖能力强，每丛有分枝10～25个，有的高达90多个。再生能力强，在南方地区种植，年刈割3～5次，每亩鲜草产量6 000～7 300千克。可鲜喂，也可青贮或调制干草，牛、羊、兔、猪、鱼、鸡、鸭、鹅都喜食。

（3）栽培要点　墨西哥玉米为春播饲草，可条播，也可育苗移栽。条播时行株距60厘米 ×40厘米，播深2厘米，亩用种量约1千克。播前平整土地，施足底肥。刈割期随饲养对象而异，饲喂鹅、猪、鱼利用株高以80厘米以下为宜，饲喂牛、羊、兔可长至100～120厘米时刈割。刈割时注意不能割掉生长点，以利再生。

9. 饲用甜高粱

（1）特性　饲用甜高粱（图2-16）为草本植物，一年生。种子白色、红褐色或黄色，千粒重20～30克。喜温暖湿润气候，在日温27～32℃时生长速度最快，日温12℃、夜温4℃以下停止生长。在降水量600～900毫米的温暖地带能获得很高的生物产量，干旱时需灌溉才能高产。对土壤要求不高，在排水良好的肥沃壤土中产量最高。适宜的土壤pH为6.5～7.5。耐盐性强，耐贫瘠性强，但施肥充足才能高产。

（2）经济价值　饲用甜高粱植株高大、产量高，茎秆富含糖分、营养价值较高，适口性好，饲料转化率高，多种牲畜均喜食。苗期分蘖力强，再生性强，在南方地区可年刈割3～5次，每亩鲜草产量8 000～10 000千克。刈割后可青饲、生产干草、青贮等，种植者可根据养殖情况自主安排。

（3）栽培要点　饲用甜高粱一般春播，因其种子较小，顶土能力较弱，播前需对土壤精耕细耙，施足底肥，播种深度以1.5～3.0厘米为宜。土壤温度高于15℃即可播种。每亩播种量25～35千克。条播行距为30～60厘米。单播或与扁豆等豆科植物混播，禾豆植株比例为2∶1或3∶1。为防地下害虫，可用杀虫剂拌种。播前将土壤深耕，施足有机肥，种肥应包括氮、磷和钾肥，每亩氮肥用量3.5～5.5千克，以加快建植并满足早期生长的需要，首次刈割后每亩结合灌溉施氮肥3千克，以后依据实际情况施用氮肥1～2次，特别是在分蘖期、拔节期，以及每次刈割后，应及时灌溉和追施速效氮肥。一般在株高70～120厘米时刈割，太早刈割容易造成氢氰酸中毒。

图 2-16 饲用甜高粱（尹权为 摄）

10. 青贮玉米

（1）特性 青贮玉米（图 2-17）为禾本科草本植物，一年生，喜温。颖果马齿形或近圆形，颜色主要为黄、白色，千粒重 200～350 克。种子一般在 6～7℃时开始发芽，但发芽缓慢，易烂种，萌发温度为 25～30℃，土壤表层 5～10 厘米。日均温稳定在 10～12℃时作为春播的适宜播期，夏播越早越好。拔节期要求日温度为 18℃以上，抽雄、开花期要求 26～27℃，灌浆成熟期保持在 20～24℃。单株体积大，需水多，需肥也较多。对氮的需要量远比其他禾本科作物高，钾次之，对磷的需要量较少，所以应以施氮肥为主，配合施用磷钾肥料。土壤酸碱性宜 pH 5～8，以中性土壤为好，不适于在过酸、过碱的土壤中生长。

（2）经济价值 青贮玉米因其含糖量高，适口性好，各种家畜均喜食。其植株高大，一般株高 2.5～3.5 米，最高可达 4 米，最佳收获期为籽粒的乳熟末期至蜡熟前期，此时产量最高，营养价值也最好。每亩年产鲜草 2 600～8 000 千克。因全株收获制作青贮具有高产、优质、省工、节能等优势，在我国大部分地区广泛种植。

（3）栽培要点 青贮玉米种植时要选地势平坦、排灌方便、土层深厚、肥力较高的地块种植。播种之前结合耕作施足底肥。可穴播，也可条播，穴播株距 15～20 厘米，穴播和条播的行距 50～80 厘米，每亩播种量穴播 2～3 千克，条播 3～4 千克。播种深度 5～6 厘米，播后可镇压使种子与土壤接触紧密，利于发芽。播后在合适生长期及时进行间苗、补苗、定苗以保证产量。青贮玉米需肥量加大，除施足基肥外，生长期间应分期追肥。拔节至开花期生长快，吸收养分多，是需肥的关键时期。青贮玉米的最适收割期为玉米籽实的乳熟末期至腊熟前期，青贮玉米一旦收割，应在尽量短的时间内完成青贮，不可拖延，避免因降雨或本身发酵而造成损失。收获时保持青贮玉米秸秆有一定的含水量，正常情况下要求青贮玉米的含水量为65%～75%。

图2-17 青贮玉米（尹权为 摄）

（三）菊苣

（1）特性 菊苣（图2-18）为菊科菊苣属多年生草本植物，种子楔形，千粒重1.2～1.5克。菊苣具有广泛的适应性，生长速度快，适口性好，利用率高，用途广（饲草、药用、蜜源植物）。

（2）经济价值 菊苣叶片柔嫩多汁，营养丰富，叶丛期粗蛋白含量22.87%，初花期粗蛋白含量14.73%，平均为17%，每亩粗蛋白质产量达250千克；初花期含粗脂肪2.1%、粗纤维30.6%。菊苣氨基酸含量丰富，叶丛期9种必需氨基酸含量高于苜蓿草粉，维生素、胡萝卜素、钙含量丰富。菊苣适口性好，利用率高，牛、羊、猪、禽、兔等均喜食。每年可刈割3～4次，亩产鲜草6 000～9 000千克。

（3）栽培要点　菊苣可春播或秋播，条播、撒播均可，条播行距 35 ~ 40 厘米，每亩播量 0.2 ~ 0.25 千克，播深 0.5 ~ 1.0 厘米。菊苣种子较小，播前必须精细整地，结合细平整地每亩施腐熟农家肥 1 000 ~ 2 000 千克 + 磷肥（有效磷）2 ~ 3 千克、钾肥（有效磷）2 ~ 2.5 千克。每次刈割后视情况施氮、磷、钾肥。播种时最好与沙土混合撒籽，以达到匀苗全苗的目的。播后适当镇压，苗期注意防除杂草，及时间苗定苗，生长季节应根据情况施肥、浇水。

图 2-18　菊苣（尹权为　摄）

第二节　种子检验

一、种子检验的意义

牧草种子检验的目的是获取饲草种植使用种子的基本数据、确定等级标准；为牧草种子的生产、调运、贮存、交换提供重要的种子质量依据，对牧草种子生产单位、种子经营公司、农牧业工作者和牧草种子管理人员都具有技术指导的意义，也能避免改良草地及人工饲草地因种子质量不合格问题而造成的意外损失。

二、种子购买原则

购买者在购买牧草种子（或者根、茎）时，首先要看商品经营单位是否有相关资格证书，如全国牧草审定委员会审定证书、登记证书及有关单位授权证书，一般来说，具备这些证书的销售单位所出售的牧草种子，其种子来源、质量等都是可查、可控的；其次购买者结合优质牧草种子外观标准，与所需要购买的牧草种子进行对照，再次确认牧草种子的质量等状况。质量低于国家规定的种用标准的、低于标签指标的、因变质不能作草种用的、杂草种子的比率超过规定的，以及带有国家规定检疫对象的均不能购买。

三、种子检验指标

种子检验的指标主要有：水分含量、净度、其他植物种子数、发芽试验、生活力的生物化学测定等多项。

（一）水分含量

牧草种子中水分含量是指种子中所含水分的重量占种子重量的百分率，通常以测定扦样样品中所含水分的重量占扦样样品重量的百分率来表示。含水量是评价种子质量的一个重要指标，是种子贮藏的一个主要因素。

1. **测定方法** 一般为高恒温烘箱法（130℃烘箱法），多数牧草种子可用该法测定水分。先将样品盒、盖子称重记录为 $M1$，放入 4～5 克种子样品后，加盖再称重记录为 $M2$，将样品放入预热到 130℃的烘箱内，烘 60 分钟，到达烘干时间后迅速取出，加盖放入干燥器内，冷却 30～45 分钟，最后将冷却样品连盖子一起称重记录为 $M3$。

2. **所用设备** ①样品盒：用不锈合金或玻璃制成，匹配合适的盖子，盖子的使用可使种子测定前水分散失降低到最小；②电烘箱：具有通风和恒温调节器的电烘箱，能保持（130±3）℃，样品放进去之前烘箱需预热到 130℃；③干燥器：样品盒冷却时可保持干燥；④分析天平：精确到克的小数点后 3 位。

3. **计算公式** 水分含量计算公式为：

$$水分含量（W）= \frac{M2-M3}{M2-M1} \times 100\%$$

注意，所有称重的精确度应达到 1 毫克，且测定必须有重复，两次测定结果的误差不得超过0.2%，如果超过，必须重新测定。详见牧草种子检验规程GB/T 2930.8。

（二）净度分析

净度分析是指测定样品中的净种子数量和其他混杂物的数量，由此推测样品所在种子批的组成，种子的净度越高，说明种子批中本品种种子所占比例越高，该种子批的品质越好。

1. 种子组成 种子样品中由4种成分组成，包括净种子、废种子、其他植物种子和杂质。

（1）净种子 “种子”（包括植物学上的果实或果实相似的构造），不管它是否有真实种子存在，均属净种子，包括瘦小、皱缩的，要能明确鉴别它们是否属于所分析种的种子；破损种子，其大小超过原来大小一半的，但其种皮全部脱落者，应作为无生命杂质；禾本科牧草种子脱去护颖及内外颖的裸粒颖果；鸭茅复合小花重量的4/5，并至少含有一粒颖果；草地早熟禾经过均匀的风力吹风3分钟后，留存在重的部分中的小花及颖果，包括完整的单个或复合小花。

（2）废种子 包括没有种胚的种子，已发芽、压坏、压扁、切碎、腐烂的种子，受虫害的种子，受菌核或病菌危害的种子。

（3）其他植物种子 除所分析种的种子以外，均应作为其他植物种子，包括凡公认或习惯上认作杂草之植物种；某些作物的种子，异种种子。

（4）杂质 包括土壤、砂石、颖壳、茎、叶、虫瘿、真菌体（如麦角、菌核、黑穗病孢子团）等。

2. 净度测定 净度试验样品必须分成净种子、废种子、其他植物种子、杂质四部分，分别称量，以克数为单位，0.5克以下者称量至小数点后3位，1～9克者称量至小数点后2位，10～99者可称量至小数点后1位。各种成分必须折算成重量的百分率，这个百分率是根据各种成分重量的总和，而不是试验样品的原来重量；但各种成分重量的总和必须与原来重量相比较，以核对是否有物质损耗或其他误差。净种子的分出必须在种子特征能区别出来的基础上。当检验站认为不可能区别同一属的种时，则检验证书上应仅仅填报属名。重复样品之间净度分析各种成分的差距，其允许范围要根据净种子百分率来确定。若差距超过允许限度，则应更多分析样品，直到一次重复的差距在允许范围之内，最多不超过4次重复。

详见牧草种子检验规程 GB/T 2930.2。

（三）其他植物种子数

其他植物种子数的测定一般与净度分析同时进行，在净度分析中将其他植物种子清出来，称重，并按照品种将每个品种的草种重量、粒数一起数出来，并记载在报告中。

详见牧草种子检验规程 GB/T 2930.3。

（四）发芽试验

发芽试验用来测定种子的发芽率。种子的发芽率从外表看不出来，必须借助发芽试验去检测，掌握发芽率情况，可以在播种前确定适宜的播种量，对保障苗数及促进牧草增产都有重要意义。

所有发芽试验所用的种子必须是从净种子中取得，将净种子充分混合，随机取 400 粒种子，均匀地放在已经处理过的发芽床上，各种子之间有足够的间隔，尽可能防止种苗在计数和取出前相互接触，根据种子的大小每个重复可为 100 粒、50 粒或 25 粒，再将发芽床放入光照培养箱中，各种子所需的温度、湿度、试验时间等参见牧草种子检验规程 GB/T 2930.4，试验时间结束后，数出发芽种子的数量，并计算出发芽率。

$$发芽率=\frac{已萌发的种子数}{供试种子数}\times 100\%$$

发芽床有纸床、砂床等，本书介绍的为纸床法，纸床一般用滤纸、吸水纸或纸巾，纸表面多细孔，无真菌和细菌的沾染，纸一般为白色或是用一种对发芽幼苗无毒的染料染色，纸的质地应保证发芽幼苗的根生长在纸上而不是伸入纸中，见图 2–19。

（五）生活力的生物化学（四唑）测定

为了迅速了解某些用普通发芽方法测定时其发芽缓慢的种子的生活力，或是一些处于休眠期的种子发芽能力，以及完成在种子收购和管理工作中的对种子活力的初步检查等，可以对种子进行生活力的生物化学（四唑）测定。

测定原理：化学物质氯化或溴化三苯基四唑，经过氢化作用，可在活细胞中产生红色稳定的不扩散物质——三苯甲腙，而在种子内有生命力的活细胞中，在脱氢酶催化之下，氢离子在还原过程中从各种呼吸物质中脱离出来，无色红四氮唑溶液中的红四氮唑与氢离子相结合，产生红色物质。因此，种

图 2-19 发芽试验（尹权为 摄）

子中有生命的部分被染成红色，没有生命的部分不会被染色。另外，种子中除完全染色的有生命活力的种子及完全不染色的无生活力的种子外，还有一些是部分染上红色，这表示种子中存在不同大小的坏死组织。

第三节 种子处理

播种前应根据种子的不同情况，采取选种、晒种、浸种、去壳与去芒、消毒、破除硬实、接种根瘤苗等措施进行种子处理。

一、选种

选种的目的是为了清除种子中的杂质、不饱满的种子、杂草种子，从而获得籽粒饱满、纯净度高的种子。一般常用的方法有泥水、盐水和硫酸铵溶液选种法等。实际生产中，因硫酸铵溶液选种比较方便，多用该种溶液进行选种。原理为饱满的种子会沉于溶液下部，而皮壳、瘪粒则浮于溶液上面，利用这种操作可将溶液上部的皮壳及瘪粒清除掉。

二、晒种

种子在播种前可进行适当晒种，不仅可以促进一些种子的后熟，还可以在一定程度上打破一些禾本科牧草种子的休眠，从而提高其发芽率。另外，晒种还有杀死一部分霉菌的作用。方法为：将种子摊开放在阳光下晒1~2天，每天翻动3~4次。

三、浸种

有些种子在播种前会处在休眠状态，有些种子则会因为湿度不适合的原因导致其播种后不发芽。实际生产中可采用温水浸种的办法，让种子充分吸收水分，加速种皮软化，促进种子萌发前的代谢，从而促使种子在播种后迅速整齐地萌发。浸种时一般选用常温水，浸泡12~16小时，浸种后放在阴凉处晾种，待表皮风干即可播种。另外需要注意，如果土壤较干燥，则不适合进行浸种，以免种子失水死亡。

四、去壳与去芒

在实际生产中，有些种子如果是加工不到位，常会带有一部分荚壳和芒，会在一定程度上造成种子发芽率低并影响播种的便利性，因此在播种之前，要把种子的荚壳和芒去掉。用石碾碾压或用破米机去除荚壳，用去芒机或镇压器碾轧去除芒。

五、消毒

许多牧草的病害可通过种子进行传播，如禾本科牧草的黑穗病、赤霉病、各种黑粉病等，豆科牧草的菌核病、炭疽病、褐斑病，以及细菌性的叶斑病等。在播种之前对种子进行消毒是减少和杜绝病害发生和传播的有效途径。根据种子的不同情况有以下几种消毒方法。

1. 温汤浸种　用50℃温水浸种10分钟后再进行播种可以消除豆科牧草种子中的叶斑病病菌，在播种前使用44~46℃温水浸种3小时可以有效消除禾本科牧草种子中的黑穗病病菌。

2. 药液浸种　所使用的药液和剂量因防治病原物的种类不同而有所不同。例如，豆科牧草的叶斑病、禾本科牧草的赤霉病、秆黑穗病等，可选择

1% 的石灰水浸种；苜蓿轮纹病可使用 50 倍福尔马林液浸种，浸种时间为 1～2 小时。

3. **药物拌种**　为了防止地下害虫，特别是在虫害多发地块，可使用对应的杀虫剂对种子进行拌种，减少或是杜绝地下害虫的危害。药物使用类别和剂量要根据牧草种类及预防的害虫类别决定。

六、破除硬实

有些种子，特别是豆科种子即使在适宜的水热条件下也不能发芽，原因是这类种子的种皮比较坚硬，水分透不进去，从而导致种子不萌发，我们称这种种子为硬实种子。不同种类豆科牧草种子的硬实率不同，紫花苜蓿约为 10%，白三叶约为 18%，红三叶约为 14%。硬实的存在会导致种子的出苗率降低，从而造成田间出苗不齐，最终导致牧草减产。因此为了提高出苗率，在播种之前很有必要破除种子的硬实。常用且实用的破除硬实的方法有以下两种。

1. **擦破种皮**　将种子放在阳光下晒半天至 1 天，然后用碾子碾破种皮；如果种子量比较少，也可用细沙拌种木棒抖动摩擦的办法，即将种子放入适宜的容器内，加入细沙，用木棒抖动至种皮发毛；另外也可使用细砂布摩擦法，使用细砂布对种子进行适当摩擦至发毛。

2. **变温浸种**　首先将种子放入温水中浸泡，温度以不烫手为准，24 小时后将种子捞出，白天放于阳光下晒，夜晚移至凉处，并经常浇水，保持种子湿润，如此反复 2～3 天后，白天与夜晚的不同温度变温处理，可使种皮开裂，等到大部分种子吸水后略有膨胀时，就可以播种了。当水温较高时，浸泡时间可适当缩短。例如，苜蓿种子在 50～60℃热水中浸泡半小时即可。

这种办法也适用于以下情况：一些多年生禾本科牧草种子因颖上覆有一层蜡质，导致水分不容易渗入，从而影响其发芽，采用此法处理，同样可提高其发芽率。

七、接种根瘤菌

豆科牧草可借助其根瘤中根瘤菌的固氮作用，充分利用土壤和空气中的氮素为豆科牧草利用，但根瘤的形成需要土壤中存在某一种豆科牧草所专有的细菌并达到一定数量。因此在从未种植过同类豆科牧草或相隔 4～5

年后又重新种植的地块上播种某种豆科牧草时，都应接种这种豆科牧草专用的根瘤菌，以促进这种豆科牧草的幼苗早期根瘤的形成并及早提高固氮能力。

（一）接种办法

最常用、实用且性价比高的根瘤菌接种办法是采用商品菌剂进行拌种。首先根据所种植豆科牧草种类，选择对应的根瘤菌剂产品；然后在播种前，按照使用说明进行充分拌种，保证种子都沾上了菌剂后进行播种。

另外需要特别注意，根瘤菌是一种细菌，在保存、使用过程中要遵照规则，以免根瘤菌死亡，造成接种失败。

（二）注意事项

1. **避免日晒**　根瘤菌在阳光下暴露数小时即会被杀死，因此在拌种时要选择阴暗、温度低、空气不过于干燥的地方进行，拌种后立即进行播种和覆土。

2. **过于干燥的土壤不适于接种根瘤菌**　在干燥土壤里，根瘤菌只要几小时就会死亡。因此最好选择在排水、通气良好的土壤中进行根瘤菌接种，保证接种成功，促进豆科牧草高产。

3. **避免化学药剂的危害**　为了防治病虫害，使用化学药剂对种子进行拌种同样会对根瘤菌造成伤害，例如，当根瘤菌与化学药剂接触超过 30 分钟就会被杀死，因此，在对用化学药品拌过种的种子进行根瘤菌剂播种时应控制好时间，随拌随播。

4. **避免在过酸的土壤中使用根瘤菌接种**　大多数的根瘤适宜生活在中性或微碱性土壤中，过酸的土壤对根瘤菌不利，为保证接种成功，可在播前对土壤施用一定量的石灰，提高土壤 pH。

八、种子包衣

为了保障牧草种子的种用性，减少外界条件对种子萌发和早期生长的伤害，目前市场上销售的商品草种多半使用了种子包衣技术。种子包衣是一种利用黏着剂或成膜剂，用特定的种子包衣机，将杀菌剂、杀虫剂、微肥、植物生长调节剂、着色剂或填充剂等非种子材料，包裹在种子外面，以达到种子成球形或者基本保持原有形状，提高抗逆性、抗病性，加快发芽，促进成苗，增加产量，提高质量的一项种子处理技术。

第四节　种子保存

种子保存的好坏直接影响种子的质量，包括播种后的种子发芽率和保苗率，因此，良好的种子保存条件是保证牧草稳产高产的重要措施。

一、严格控制牧草种子的含水量

牧草种子在准备入库保存之前，应确定其含水量在 13% 以下。若含水量过高，种子的呼吸作用较强，养分消耗也较多，容易发热导致霉变，从而降低种子质量和发芽率。另外水分含量高，种子较容易受到高温危害和低温冻害，导致种子部分或全部丧失发芽能力。

二、严格控制种子的净度

如果牧草种子中含有较多的尘土等杂质或是不成熟、破碎的种子及其他异种子，将会对种子安全贮藏带来不良后果。所以，在贮藏中一定要注意保持种子净度。

三、选择合适的种子包装装置

种子在保存期间，虽处于休眠状态，但其依旧在进行呼吸，如果选用塑料袋、易拉罐等不透气的包装装置，种子呼出的二氧化碳无法排出，容易造成二氧化碳中毒；另外，种子呼吸作用所产生的热量散发不出去，易造成种子发热霉变，进而影响种子活力、降低其发芽率甚至会杀死种子。因此，最好使用通透良好的纸袋或麻袋等装种子。

四、严格按要求修建种子库

1. **防潮通风**　为了防潮可把装有种子的麻袋或其他容器用木料或砖垫高距离地面 50 厘米以上。种子库内要保持干燥、通风良好，见图 2-20。

2. **清洁卫生**　在种子入库之前，提前做好种子库的清洁准备，最好对种子库采取药物熏蒸等防虫防污染措施。种子如果被有害微生物感染或受到虫害，生活力和发芽率会受影响，严重时失去利用价值。

3. 防止鼠害 种子营养价值高，适口性好，容易受到老鼠的侵害，因此种子库要特别注意防鼠，避免不必要的损失。

图 2-20 种子仓库（尹权为 摄）

第三章

种植方式

第一节 净　作

净作是指在饲草地建植时，同一个季节（一年生饲草）或是同一个周期（多年生饲草）只种植一种饲草的种植方式。

一、净作优点

（1）净作种子单一、颗粒及比重相对一致，能更好地实现精量化播种。将单种种子按一定的距离、密度和深度，准确地播入土内，获得均匀一致的发芽条件，促进苗齐、苗全、苗壮目标的实现。

（2）净作种植饲草，长势、丛茎大小等基本一致，便于施肥、浇水、中耕、杂草防除等田间管理和后期收割及加工利用。

（3）净作种植饲草，容易实现统播统收，便于土地的规划与利用和机械化、规模化，提高生产效率、节约劳动力成本。

二、净作时间选择

重庆地区饲草净作播种时间一般分为春季播种（3—4 月）和秋季播种（9—10 月）两个时间，结合所种饲草生物学特性来具体安排。

三、净作品种选择

重庆地区，适合春季净作的饲草种类有：饲用甜高粱、青贮玉米、皇竹草、杂交狼尾草等；适合秋季播种的饲草种类有一年生黑麦草、多年生黑麦草、紫花苜蓿、白三叶、红三叶等。

第二节 混 播

混播是指在饲草地建植时，同一个季节（一年生饲草）或是同一个周期（多年生饲草）种植一种以上饲草的种植方式，见图 3-1。

图 3-1 豆科牧草与禾本科牧草混合撒播（李发玉 供）

一、混播优点

混播草地一般选用禾本科和豆科按照一定的比例进行，相对于净作它具有以下几个优点：

（1）混播方式所得的饲草种类多样，营养比较全面，尤其是混播的豆科牧草，可显著提高所收获饲草的蛋白质含量。

（2）禾本科牧草与豆科牧草混播，由于豆科牧草的固氮作用，与净作一种禾本科牧草的草地相比，可以起到提高土壤肥力的作用。

（3）混播草地中，不同种类的牧草利用互补的株高和株型，能形成覆盖度大的稠密草丛，有效抑制了同一地块中杂草的萌发和生长。

在实际生产中，为了便于种植、管理、收获及加工，除了少部分多年利用的人工割草地外，人工饲草地一般不采用混播的方式，混播多在建植多年利用的放牧地或是对天然草地改良的时候使用。

二、混播注意事项

（一）根据利用目的选择合适草种

1. 建植多年利用的人工割草地　建植人工割草地的饲草种植者一般都有一定量的牲畜饲养量，对饲草产量要求较高，因此在进行草种选择时宜选择植株较大的上繁草为主，如拉巴豆＋饲用甜高粱（高丹草、皇竹草）等。另外，也要根据所饲喂牲畜种类，尤其是对粗纤维的消化能力，选择合适的混播草种搭配。

2. 建植放牧地　放牧地的建植混播时要考虑牧草的耐践踏性、快速修复性及其繁殖性，宜选择株型较低的下繁草种类，如白三叶（红三叶）＋多年生黑麦（鸭茅）等，以免因牲畜践踏而使放牧地失去生产能力。

3. 对天然草地进行改良　在进行天然草地改良时，混播可选择多个牧草种类，多以抗逆性强、生长迅速、多年生的牧草种类为主，如多年生黑麦草、白三叶、红三叶、鸭茅、苇状羊茅、牛鞭草等。

（二）混播时牧草种类比例要适当

在混播草地中，要特别注意豆科和禾本科牧草的比例，一般情况下，豆科与禾本科的比例为 1∶2；若在比较湿润的条件下，禾本科牧草长势强于豆科牧草，会导致豆科牧草退化，此种情况下，可适当增大豆科牧草的比例，最大可增加到与禾本科的量相当；在利用年限短的混播草地中，豆科牧草的比例可适当增大，在利用年限长的混播草地中，特别是放牧用的混播草地，豆科牧草的比例要适当小一些。

第三节　轮　　作

轮作是指在同一块田地上，有顺序地在季节间或年间轮换种植不同的饲草或者经济作物、粮食作物的一种饲草种植方式，它是用地和养地相结合的一种生物学措施。

一、草－草轮作

（一）青贮玉米和一年生黑麦草轮作

青贮玉米在5月播种，生长季5—8月；一生生黑麦草9月播种，生长季9月至次年4月。其播种量、播种方式、田间管理措施和注意事项参考两种饲草的净作方式，见图3–2、图3–3。

图3–2　5—8月饲用玉米（尹权为　摄）

图3–3　9月至次年4月一年生黑麦草（尹权为　摄）

（二）饲用甜高粱（高丹草）和燕麦轮作

饲用甜高粱（高丹草）在4月播种，生长季4～10月；燕麦在10月底播种，生长季11月至次年3月。具体时间可根据饲用甜高粱（高丹草）的利用时间决定，其播种量、播种方式、田间管理措施和注意事项参考两种饲草的净作方式，见图3–4、图3–5。

图3–4　4—10月饲用玉米（尹权为　摄）

图3–5　11月至次年3月燕麦（尹权为　摄）

忌连作：饲草在种植了一个周期以后必须选择其他饲草进行轮作，例如：种植紫花苜蓿的地利用以后要用其他饲草进行轮作，因为紫花苜蓿具有自毒作用。

二、草－粮轮作

重庆地区，水稻在当年 9 月初收获后，至次年 4 月份稻田多处于闲置状态，利用这个时间段种植一季饲草，不仅可以有效利用土地，也可为冬季饲草缺乏的牲畜提供一定量的优质青饲料。

（一）一年生黑麦草和水稻轮作

一年生黑麦草在当年的水稻收获、稻田经沥干水分后播种，可利用至次年水稻插秧之前，在此期间，可刈割 2～3 次。其播种量、播种方式、田间管理措施和注意事项参考一年生黑麦草的净作方式，见图 3–6、图 3–7。

图 3–6　5—9 月水稻（尹权为　摄）

图 3–7　10 月至次年 4 月一年生黑麦草（尹权为　摄）

（二）燕麦和水稻轮作

燕麦在当年的水稻收获、稻田经沥干水分后播种，可利用至次年水稻插秧之前，其播种量、播种方式、田间管理措施和注意事项参考燕麦的净作方式。

三、草－经轮作

马铃薯等经济作物忌连作，在种植了一季马铃薯后，最好与其他作物或饲草轮作。轮作不仅能消除马铃薯连作的危害，也能收获其他作物或是饲草，尤其是马铃薯与豆科饲草的轮作可以因为豆科饲草的固氮作用达到提高土壤肥力的目的。其他经济作物亦可与饲草轮作。

（一）一年生黑麦草与马铃薯的轮作

马铃薯收获后，因气温比较高，可等至 9 月份，再播种一年生黑麦草，可利用至次年马铃薯再种植前期，一年生黑麦草的播种量、播种方式、田间管理措施和注意事项参考其净作方式。

（二）燕麦与马铃薯的轮作

马铃薯收获后，因气温比较高，可等至 9 月底或 10 月份，再播种燕麦，燕麦可利用至次年马铃薯再种植前。燕麦的播种量、播种方式、田间管理措施和注意事项参考其净作方式。

（三）白三叶（红三叶）或紫花苜蓿和马铃薯的轮作

白三叶（红三叶）或紫花苜蓿皆是多年生豆科饲草，利用年限较长，种植年限可由种植者自由选择。在马铃薯收获后，等至 9 月份，再播种白三叶（红三叶）或紫花苜蓿，白三叶（红三叶）或紫花苜蓿的播种量、播种方式、田间管理措施和注意事项参考其净作方式。

第四节　间　　作

间作是指在同一块田地上，在同一个生长期内，分行或分带相间种植两种或两种以上植物（牧草、经济作物、树木等）的种植方式。

一、草 – 草间作

饲草的间作一般选用高大禾本科和豆科一起，二者的间作不仅可以有效利用土地、光照等自然资源，更能因为豆科饲草的加入而提高所收获饲草的蛋白质含量。

（一）饲用甜高粱与拉巴豆间作

甜高粱采用宽窄行设计，宽行行距 0.55 米，窄行行距 0.35 米，宽行中间种植一行拉巴豆。两种饲草的播种量、播种方式、田间管理措施和注意事项参考其净作方式。收获时，二者同时刈割，为了保证拉巴豆的再生产量，留茬 15 厘米左右，在重庆地区可刈割利用两次，见图 3–8。

图 3-8　拉巴豆－甜高粱间作（尹权为　摄）

（二）青贮玉米与拉巴豆间作

青贮玉米采用宽窄行设计，宽行行距 0.60 米，窄行行距 0.40 米，宽行中间种植一行拉巴豆。两种饲草的播种量、播种方式、田间管理措施和注意事项参考其净作模式。收获时，两者同时刈割。

（三）皇竹草类与饲用油菜间作

冬季来临前，皇竹草及其他杂交狼尾草类饲草在进行最后一次刈割以后，长势比较缓慢，在其行间撒播生长迅速的饲用油菜，不仅可以收获珍贵的冬季青饲料，饲用油菜的存在更可以为皇竹草类的越冬起到保护作用。在次年皇竹草类刈割之前，饲用油菜可刈割利用 1 次。两种饲草的播种量、播种方式、田间管理措施和注意事项参考其净作方式。收获时，两者同时刈割。

二、草－经或草林（果）间作

饲草与经济作物或林（果）间作，可以充分利用土地、阳光等自然资源，获得一定量的饲草鲜草。另外，饲草对经济作物和林（果）间土地的覆盖，可有效抑制杂草的生长；经济作物和林（果）与豆科饲草的间作，会因为豆科饲草的固氮作用获得更多的氮素营养，在一定程度上减少了化肥的使用。

但是，饲草在与经济作物和林（果）的间作时，其光照会因为林（果）的遮挡受影响，因此饲草在选种时一般选用耐阴草种，如鸭茅、白三叶等。重庆地区可在玉米、马铃薯等经济作物行间和柑橘树、桑树行间或其他林间，于9月份撒播鸭茅或白三叶，可以提高土地利用率，抑制林间杂草生长，增加冬季青饲料来源，白三叶还可以起到肥田的作用。饲草的播种量、播种方式、田间管理措施和注意事项参考其净作方式，见图3-9、图3-10。

图3-9　树林下种鸭茅（尹权为　供）

图3-10　果林下种黑麦草（尹权为　供）

第四章

栽培及管理

第一节　播种前准备

播种是利用人工或农业机械将播种材料按一定数量和方式，适时播入一定深度土层中的作业。根据饲草种类、品种特性、种植制度、栽培方式及其对环境条件的要求，选用适宜的播种期、播种量、播种深度和播种方法。

一、播种期

（一）播种期选择

播种期是指饲草从种子发芽、出苗到成熟的各个生育期获得有利气候条件、全苗壮苗、植株正常生长、适时成熟的最佳播种时间段。一般来说，当土壤温度达到某一饲草的发芽最低温度时即可播种。

（二）播种季节选择

播种季节主要有春播和秋播。春播，一般在 3 月下旬至 5 月上旬。秋播，一般在 9 月下旬至 10 月。在海拔 800 米以上的山地，也可以夏播，但必须避开夏秋之交的伏旱。有的饲草只能春播，有的只能秋播，有的春、秋播均可。一般多年生饲草苗期生长慢、苗弱，秋播比春播杂草少，秋播容易建植成功。

（三）注意事项

（1）由于气温的原因，春播时低海拔地区应先于高海拔地区进行，秋播时高海拔地区应先于低海拔地区进行。

（2）多年生饲草宜秋播。春季杂草较多且生长旺盛，对于多年生饲草，由于其种子细小，前期幼苗生长慢，与杂草的竞争能力差，秋播比春播较易成功。

（3）春播不宜过早，秋播不宜过早也不宜过晚。过早春播，常因低温造成种子迟迟不发芽、不出苗而引起病菌侵染，丧失发芽率或烂种。过早秋播，常因温度过高幼苗徒长，冬前生长过旺，易遭冻害；过迟秋播，常因积温不足，生长不良，或土壤水分不足，不易保苗，或因冬前积累干物质不足，耐寒力低而不易越冬。

二、播种量

（一）播种量计算

播种量即单位面积内所用最佳收获效果的种子数量，通常用千克 / 亩表示。计算方法：播种量（千克 / 亩）= 每亩计划育苗数 ÷（每千克种子粒数 × 种子纯净度 × 种子发芽率）。

播种量的大小主要由种子的大小（图 4–1、图 4–2）和品质来决定。种子粒大的播种量大一些，反之则小些。种子品质好的播种量小，品质差的播种量则大。饲草的播种量直接影响其产量和品质，是保障饲草高产优质的一个重要方面。因此播种必须适量下种。

图 4–1 小粒种子（尹权为 摄）

图 4–2 大粒种子（尹权为 摄）

（二）理论播种量与实际播种量

理论播种量是指种子纯净度和发芽率均为 100% 的播种量，实际播种量是指以种子真实的纯净度和发芽率换算为 100% 时的播种量。如某种牧草的理论播种量为每亩 1 千克，播种种子的实际纯净度为 90%，发芽率为 85%，则实际播种量应为：1 ÷（0.9 × 0.85）=1.31（千克 / 亩）。

在生产实际中，还应视土壤、气候、病虫草害、种子大小、播种方式方法等情况，适当增加播种量。

三、播种深度

一般来说，饲草都要求浅播。较小的种子如豆科饲草种子及多年生饲草种子，播种深度为 2 ~ 3 厘米；较大的种子如禾本科饲草种子及一年生饲草种子，播种深度为 3 ~ 4 厘米。

饲草播种过深、过浅都不适宜。过深，其幼芽无力顶出表土，过浅则因表层土壤水分不足，种子不易萌发，萌发后幼苗也扎土不牢固。

第二节　播种方法

一、播种方式

牧草播种分为手播和机播两种方式。

1. 手播　适用于播种面积不大的家庭牧场。按行距要求，用小锄开成浅沟，把种子均匀播在沟里，随即覆土，使土壤与种子密接，便于吸水发芽。

2. 机播　适用于大面积饲草播种。待天晴后 1 ~ 2 天，或表层土壤略干燥，允许机械进入地块作业时，用 6 行、12 行或 24 行谷物播种机播种，播后轻度镇压浇水。机播播深一致，种肥、农药可同时播下，速度快，效率高。但因禾本科牧草种子轻而且不光滑，往往不能顺利下种，所以要随时观察输种管道的漏种情况，有时需要人工搅动加以辅助。

二、常见播种方法

饲草的播种通常有撒播、条播、穴播和扦插几种方法。

（一）撒播

直接把种子撒在已耕、耙好的土壤表面，然后轻耙覆土。优点是大多用手工操作，简便省工。缺点是种子不易撒均匀，总会有稀有密，同时由于覆土不均匀，深浅不一，对出苗和幼苗的生长都有影响，不便中耕除草等田间管理。撒播时可适当加大播量。一般用于放牧地，见图 4–3、图 4–4。

图 4–3　撒播种子（李发玉　供）

图 4–4　撒播的白三叶（李发玉　供）

（二）条播

每隔一定距离将种子播成行并随播随覆土。优点是播种深度较一致，种子在行内的分布较均匀，便于进行行间中耕除草、施肥等管理和机械操作。凡供收割青刈、青贮的以条播为好。条播的行距随饲草种类和收获利用方式不同而异，见图 4–5 至图 4–8。

图 4–5　豆科紫花苜蓿条播（李发玉　摄）

图 4–6　禾本科黑麦草条播（李发玉　摄）

1. **窄行条播**　行距一般为 15 ~ 30 厘米。适于植株小而密植的饲草，如多年生牧草和燕麦等。

2. **宽行条播**　行距一般为 45 ~ 60 厘米。适宜栽种植株营养面积较大或需

图 4–7　涪陵十字马唐条播（李发玉　摄）

图 4–8　青贮玉米宽窄行条播（李发玉　摄）

中耕的高秆饲草，如杂交狼尾草、象草、饲用玉米、饲用甜高粱等。

3. **宽窄行条播**　宽行与窄行相间，便于机械化作业。

4. **带状条播**　若干窄行间隔一宽行，两个宽行之间的几条窄行称为带。采用这种方式，利于在宽行内进行中耕除草或套种其他饲草。

5. **宽幅条播**　播幅宽于一般条播，而幅距往往较窄。土地利用率较高，有利于密植和集中施肥，常用于燕麦等饲草。

（三）穴播

穴播又称点播，即在播行上每隔一定距离开穴播种（图 4–9）。点播能保证株距和密度，有利于节省种子，便于间苗、中耕，多用于饲用玉米等饲草。可以采用手播和机播两种方式。当采用精量播种机播种时，可按一定的距离和深度，精确地在每穴播下 1 粒或 2 粒种子，还可结合播种撒入除草剂和农药。

图 4–9　穴播（李发玉　摄）

（四）扦插

植物用种子繁殖的方式称为有性繁殖，以根、茎、叶等营养体繁殖的方式称为无性繁殖。无性繁殖在牧草生产中应用最多的是禾本科牧草茎节的繁殖。如象草、杂交狼尾草、扁穗牛鞭草等的繁殖都属于用扦插的无性繁殖方法，见图 4–10 至图 4–13。

图 4-10　杂交狼尾草扦插（李发玉　摄）

图 4-11　杂交狼尾草扦插 2 个月后（李发玉　摄）

图 4-12　扁穗牛鞭草扦插（李发玉　摄）

图 4-13　扁穗牛鞭草扦插 2 个月后（李发玉　摄）

扦插方法：将种茎切成 20～30 厘米长的茎段，每段含 3～4 节，开沟扦插，插入土中 1～2 节，上部一节露出土层。栽后浇水定根，并保持土壤湿润。栽植后 15 天左右苗基本出齐，如有缺株，及时补插。扁穗牛鞭草在有灌溉条件的情况下，全年都可栽植，象草、杂交狼尾草等当温度达 15℃左右，即可扦插栽培。

三、播种注意事项

1. 播前整地精细　因为多年生牧草的种子十分小，贮藏的营养物质不多，种子萌发的速度缓慢，萌生的幼苗也特别细弱，容易遭杂草侵害。

2. **镇压** 多年生牧草种子轻而细小，播种后不易与土壤紧密接触，影响吸收水分发芽。除湿度过大的黏土外，播后都需要进行镇压。

3. **拌种** 多年生饲草的播种量一般都很小，为了很好地掌握播种量和实现匀播，不论是撒播还是条播，也不论是机播还是手播，都应在种子中拌入草灰、过筛的细土或种肥。

4. **接种** 地块是第一次播种或播种豆科牧草时，最好用相应的根瘤菌接种（拌种）。

5. **熟化土壤** 新开垦的荒地杂草很多，因此，最好先播种 1～2 年一年生高秆作物，如饲用玉米、饲用高粱等，或其他一年生作物，如燕麦等。既能减少杂草危害，又能使土壤进一步熟化，为多年生牧草的生长发育创造有利的条件。如采用无性繁殖，则可当年建植。

第三节 播种技术

一、单播

单播即一种草种播在一块地里，又称净作。草种不限，禾本科、豆科均可单播，见图 4-14 至图 4-17。

1. **单播技术** 在土壤耕作前施农家肥作为底肥，每亩用肥 2 000～3 000 千克，人工或旋耕机翻耕地，播种前再用人工或机械方法对翻耕过的土地耙细或打碎土块，清除翻耕后的新生杂草，整平苗床，即可播种。种肥一般使用磷、钾肥或氮磷钾复合肥，根据土壤肥力状况和饲草种类适当调整肥料用量，如每亩用 20～25 千克钙镁磷肥。用肥料、灭菌剂、杀虫剂等作种子包衣处理，豆科饲草种子需要进行硬实处理和接种相应根瘤菌。可春播或秋播，条播或撒播，撒播时可适当加大播量，增加幅度为理论播量的 20%～50%。播后覆土，覆土厚度根据土壤水分、种子大小等条件而定，一般为 0.5～2.0 厘米，覆土后根据土壤条件适度镇压，增加土壤墒情，利于出苗。

2. **优点** 便于统一种植与管理，方便机械化作业。

3. **缺点** 草地营养单一，光、水、肥等利用率较低，群落稳定性差，抗干扰能力弱，易暴发病虫害。

4. 注意事项　前茬作物需清理干净，在水肥条件较好的土地上才能获得高产，作为割草地或半放牧地利用。做好病虫害防范措施。

图 4-14　燕麦单播（李发玉　摄）

图 4-15　杂交狼尾草单播（李发玉　摄）

图 4-16　紫花苜蓿单播（李发玉　摄）

图 4-17　拉巴豆单播（李发玉　摄）

二、混播

牧草的混播是指两种及两种以上草种同时播在一块地里，一般采用禾本科牧草与豆科牧草混播，见图 4-18 至图 4-22。

1. 混播技术　在土壤耕作前每亩施 2 000～3 000 千克农家肥作为底肥，然后用人工或旋耕机等翻耕地，播种前对翻耕过的土地耙细或用旋耕机打碎土块，清除翻耕后的新生杂草，整平苗床，即可播种。种肥常用的种类和用量：

钙镁磷或过磷酸钙每亩用量 20 ~ 30 千克，硫酸钾或氯化钾每亩用量 6 ~ 9 千克，硫酸铜、硫酸锌和硼砂每亩用量各 0.2 ~ 0.3 千克。豆科饲草种子需要进行硬实处理和接种相应的根瘤菌。春播或秋播，条播或撒播。覆土后镇压。

图 4–18　牛鞭草 + 多花黑麦草混作
（李发玉　提供）

图 4–19　甜高粱 + 拉巴豆混作
（李发玉　摄）

图 4–20　甜高粱 + 拉巴豆间作
（李发玉　摄）

图 4–21　紫花苜蓿 + 禾本科间作
（李发玉　摄）

2. 混播方式

（1）同行播种　行距通常为 30 厘米，各种牧草种子均匀混合，播于同一行内。

（2）交叉播种　一种或几种牧草播于同一行内，而另一种或几种与前者垂直方向播种。

（3）间条播种　分为窄行间条播及宽行间条播两种，前者行距为20厘米，后者为30～40厘米。当播种三种牧草时，一种牧草播于一行，另两种播于相邻的另一行，或者三种牧草各播一行。

（4）宽窄行间播　20厘米窄行与30～40厘米宽行相间条播，在窄行内播种耐阴的牧草，宽行内播种喜光牧草。

（5）撒条播　行距30厘米，一行采用条播，另一行采用较宽幅的撒播。

图4–22　甜高粱＋拉巴豆间作（李发玉　摄）

3. 豆科牧草与禾本科牧草混播的比例及播种量　豆科牧草与禾本科牧草在混合播种中的比例要因地制宜，一般为1∶2，豆科及禾本科牧草类群内部各组分之间比例为1∶1。在较湿润的条件下，豆科牧草的比例可大一些，反之则应小一些，或二者比例相当。利用年限短的草地中，豆科牧草的比例可大一些；长期利用的草地，特别是放牧利用的草地中，豆科牧草的比例应小一些。多年生草地，利用年限多为4～7年，也有7年以上。

常见的混播草地的草种组合和播种量见表4–1。

表4–1　混播草地的草种组合和播种量

混播草地的草种组合	播种量
豆科牧草＋禾本科牧草	33.3%×豆科牧草播种量+66.6%×禾本科牧草播种量
豆科牧草＋禾本科牧草1+禾本科牧草2	33.3%×豆科牧草播种量+33.3%×禾本科牧草1的播种量+33.3%×禾本科牧草2的播种量
豆科牧草1+豆科牧草2+禾本科牧草	16.65%×豆科牧草1的播种量+16.65%×豆科牧草2的播种量+66.6%×禾本科牧草播种量
豆科牧草1+豆科牧草2+禾本科牧草1+禾本科牧草2	16.65%×豆科牧草1的播种量+16.65%×豆科牧草2的播种量+33.3%×禾本科牧草1的播种量+33.3%×禾本科牧草2的播种量

4. 混播牧草的优点

（1）产量高　混播牧草具有较单播牧草高而稳定的产量，通常产草量提高 14% 左右。

（2）品质好　由于混播牧草中含有一定比例的豆科牧草，所以牧草的蛋白质含量高，适口性好。

（3）改良土壤　禾本科牧草与豆科牧草混播，可增加土壤有机质，形成稳定的团粒结构，提高土壤肥力。

（4）减轻杂草危害　混播的牧草各有不同的株高和株型，形成的草丛稠密，覆盖度大，可较好地抑制杂草种子的萌发和生长。

5. 混播牧草的缺点　混播草种大小、重量不一致，播深也不统一，比较难以掌握，会影响播种质量。

6. 注意事项　①几种播种方式中以同行播种最简单，省工省力，适用于各种牧草生长发育速度基本一致的情况。而其他几种方式可以减少不同牧草间的竞争，一般认为交叉播种的效果最好，但田间管理的难度较大。②贫瘠的土地建植人工混播草地，饲草苗期生长慢，裸露地通常会发生营养肥料的流失，导致生长发育不良，需要追施氮肥和氮磷钾复合肥，氮肥每亩用量 5 ~ 8 千克，复合肥每亩用量 10 ~ 15 千克。有灌溉条件的新建人工草地，遇到干旱时，及时灌溉。

第四节　田间管理

田间管理是为了消除影响牧草生长的各种不利因素，为牧草创造良好的生长发育条件，包括破除土表板结、定苗与补苗、杂草防除、施肥、灌溉、排水及病虫害防治等田间管理措施。

一、破除土表板结

1. 土表板结对出苗的影响　在牧草播种以后、出苗之前，有的土壤表层由于种种原因，多形成板结影响出苗（图 4–23、图 4–24），甚至造成严重缺苗。这种土壤板结对于豆科牧草及小粒种子的禾本科牧草影响尤为严重。当土壤表面形成板结层时，萌发了的种子无力顶开板结的土层，在土中形成了长而弯曲的芽，加上种子小，贮藏营养物质有限，当贮藏的营养物质耗尽后，幼苗即在土壤中死亡。所以，在种子未出苗之前，必须及时破除土表板结。

2. **土表板结形成的原因**　由于播种后下雨，特别是下大雨之后易造成土壤板结。另外，在牧草未出苗之前进行灌溉，或人工草地建在低洼的地段上而表层土壤水分丧失时，也容易形成土壤板结。

3. **破除土表板结技术**　牧草在出苗前出现土壤板结时，可用短齿耙锄地或有短齿的圆形镇压器破除。圆形镇压器能刺激板结层而不翻动表土层和损伤幼苗，应用效果好。如果有条件，也可以采取轻度灌溉的办法破除板结，促使幼苗出土。

图 4-23　土表板结（李发玉　摄）

图 4-24　土表板结（李发玉　摄）

二、定苗与补苗

1. **定苗技术**　为确保饲草达到足够的出苗数量，在饲草播种时总是播下超过出苗要求数量的种子。因此，当种子完全出苗后，采用人工、机械或化学等人为的方法去除多余的饲草幼苗，留下需要的饲草幼苗（也称留苗），使草地中饲草幼苗数量达到理想苗数的过程，称为定苗（图 4-25）。间苗（图 4-26）是指剔除不需要的饲草幼苗，主要是剔除不需要的苗。间苗和定苗是同一作业的两个方面。

2. **补苗技术**　由于草种、土壤或天气等原因，可能出现出苗较少，因此播种后一段时间要不断观察田间情况，发现缺苗、缺窝严重时要及时补播或补苗，以达到预计的正常出苗情况。

图 4-25　定苗（李发玉　摄）

图 4-26　间苗（李发玉　摄）

三、田间杂草防除

本地杂草往往生长极快，尤其是春播草地，在春天杂草生长更快，严重影响和抑制人工种植的外来牧草的生长（图 4-27），严重时造成草地建植失败，及时有效地防除杂草是建植成功的重要步骤。

（一）人工除草

1. **人工除草技术**　人工草地面积小的情况下，可采用人工除草。在牧草生长早期，即分蘖或分枝以前，因杂草苗小，实行浅锄；在牧草分蘖和分枝盛期，杂草根系入土较深，应当深锄，见图 4-28。

2. **优点**　安全、无污染，可减少对牧草的损害，有效防除杂草。

3. **缺点**　费时费力，人工成本高，易使草地上形成秃斑。

图 4-27　草地杂草（李发玉　摄）

图 4-28　人工除杂（李发玉　摄）

（二）化学除草

1. 常用除草剂种类 目前除草剂的种类很多，其分类方法也很多。根据人工草地的实际情况，按其用途可将除草剂分为以下几类。

（1）灭生性除草剂 又称非选择性除草剂。该类除草剂没有选择性，能杀死所有绿色植物，主要在生荒地开垦后，牧草播种、栽植前，或草地更新时使用。

（2）禾本科牧草选择性除草剂 此类除草剂专门用于禾本科草地防除一年生及多年生阔叶杂草。由于具有选择性，因此在杀死阔叶杂草的同时，不会伤害禾本科植物。

（3）豆科牧草选择性除草剂 此类除草剂用于豆科等双子叶牧草地防除部分一年生及多年生禾本科杂草。

（4）牧草常用土壤处理剂 此类除草剂，主要用于牧草（包括禾本科和豆科牧草）播前、栽前或多年生牧草苗前和收割后，防除尚未出苗的一年生禾本科杂草及一年生阔叶杂草，对已出苗的一年生杂草及尚未出苗的多年生杂草无效。

2. 草地化学除草技术

（1）荒地除草技术 荒地开垦前，生荒地由于杂草种类多，特别是以多年生杂草为主，包括部分藤本及木本植物。在晴朗无风天气，7—8 月杂草和其他植物生长旺盛期喷洒除草剂最佳。一般用药 2～3 次，第一次普遍喷雾，1 周后检查杂草杀灭情况，及时补喷遗漏区域和效果不佳处。荒地开垦后，土壤中仍残留有杂草种子及杂草的地下部分，仍将生长新的杂草，必须继续除草。第二次和第三次用药时，对杂草发生严重的局部地段应重点喷雾。补喷 15～20 天后，将枯枝叶清理归于一处，堆沃。施药后 25～30 天即可播种。

（2）人工草地除草技术 ①禾本科人工草地除草。使用防除阔叶杂草除草剂，对于一年生禾本科杂草的防除可在牧草苗前或收割后施土壤处理剂。②豆科人工草地除草。防除禾本科杂草除草剂，对一年生阔叶草的防除可在牧草苗前或收割后施土壤处理剂，见图 4-29。

3. 优点 灵活方便，省时省力、节约劳动成本，效率高、效果持久。

4. 缺点 易形成农药残留、造成环境污染。若使用不当，会影响草地牧草生长，甚至杀死草地牧草。不利于深根系牧草生长。杂草开始老化时除杂草效果不佳。

图 4-29 草地喷施除草剂（李发玉 供）

5. **注意事项**

（1）施药应选择晴天露水干后喷施或阴天的早晨、傍晚进行。不要在大风天气和高温的中午施药，以免对作物产生雾滴飘移药害。

（2）注意个人防护。

（3）喷雾器具施药后应彻底清洗，以防产生药害。

（4）为了生态平衡和安全，少使用化学除草剂，不使用国家明令禁止使用的除草剂。

四、施肥

（一）肥料的种类及用量

1. **有机肥料** 有机肥料包括厩肥、堆肥、绿肥以及人畜粪尿等。有机肥含有植物所必需的一切养分，因此又称完全肥料。草场施肥主要是厩肥。厩肥的施用量没有严格限制，在表面撒施情况下，每亩 1 300 ~ 2 000 千克。厩肥的后效作用长，不必连年施用，一般每隔三四年施用一次。厩肥和化肥、石灰等配合施用，能提高肥效。如每亩施用 260 ~ 330 千克腐熟厩肥、13 ~ 20 千克磷矿粉和 13 ~ 20 千克石灰粉，其肥效更好。

2. 无机肥料（化学肥料）

（1）氮肥　易溶于水，土表施用时，也能被植物迅速吸收。氮肥的种类很多，主要有尿素、硫酸铵、硝酸铵等。

氮肥的施用量折合成有效成分，每亩应施2.7～4.0千克。根据这一标准推算：硫酸铵含氮20%，每亩应施13～20千克；硝酸钾含氮14%，每亩应施20～27千克；硝酸铵含氮35%，每亩应施8.7～12.0千克；尿素含氮量46%，每亩应施6.0～8.7千克。一次施入或分几次施入。

尿素是一种中性化肥，施入土壤后2～3天变成碳酸铵供植物吸收。经植物吸收后无残留物，不改变土壤性状，因此可以在任何土壤的草场施用。

硫酸铵是酸性肥料，易溶于水，单独施用容易使土壤变酸、变硬，应和磷肥、钾肥配合施用。在酸性土壤的草场，应当适当施用石灰和有机肥料；在石灰性土壤的草地，应和有机肥料配合施用。但硫酸铵、有机肥料、石灰三者不要同时施用。

硝酸铵易溶于水，吸湿性强，很容易结块，易被植物吸收。硝酸铵属生理中性肥料，施用后对土壤性状的改变不大，是一种比较完善的氮肥。

（2）磷肥　磷肥中常施用的有骨粉、磷矿粉和过磷酸钙等。过磷酸钙的有效磷含量为16%～20%，施用时应与有机肥料混合，并与耙地相结合，不宜施在地表。过磷酸钙也可作叶面施肥，先将过磷酸钙1份加水10份搅拌后放置过夜，取澄清液加水稀释成1%或5%的溶液，用喷雾器喷洒叶面，在晴朗的清晨或傍晚施用，每亩用量13.3～26.6千克。

（3）钾肥　常用的是氯化钾，含氧化钾50%左右，每亩施用量6.7～13.4千克。草木灰也可作为钾肥施用，其氧化钾含量10%以上，每亩用量33～66千克。

（4）石灰　酸性草地施用石灰可以中和酸性，从而提高土壤肥力，并能使饲用价值低的植物从草群中衰退。石灰的施用量取决于土壤的酸度，一般为每亩267～400千克，采用表施法。石灰的效果可维持8～10年。

（5）复合肥　指含两种以上主要营养元素的肥料，如磷酸铵（含磷又含氮）、硝酸钾（含氮又含钾）、混合液肥（由尿素和磷酸氢二钾组成，含有氮、磷、钾三种营养元素）等肥料。复合肥料所含成分均为植物所需要的，肥分含量高，施用时节省劳力，物理性质好，便于贮存。常用的复合肥料有钾铵磷、氮磷钾、尿磷钾、磷铵钾肥等。其施用根据土壤和牧草情况具体确定。

（二）草地施肥技术

1. **基肥** 栽培草地在播种前结合耕翻施用的肥料称为基肥。基肥可供给牧草整个生长期对养分的需要，一般以有机肥为主，辅以无机肥中的硫酸铵、过磷酸钙和钾肥等。

2. **种肥** 播种的同时施入播种沟或处理种子的肥料称为种肥。种肥主要是满足牧草幼苗时期对养分的需要。种肥用量少，一般以无机磷、氮肥为主。如用有机肥作种肥，必须充分腐熟，以免有机肥发酵时产生高热影响种子发芽。施用种肥的方法有拌种、浸种和播种时施用。

3. **追肥** 在牧草生长期内施用的肥料称为追肥。追肥是为了满足牧草生长期内对养分的需要，一般以速效性无机肥料为主，但也可施用腐熟的有机肥料。施追肥的方法有表面撒施、条施、带状施和根外喷施等。天然草地采用表面撒施法，栽培草地一般采用条施。

栽培草地追肥步骤：第一次追肥应在开始生长到分蘖前进行，以氮肥为主，磷肥次之，以增加牧草的分蘖。第二次追肥应在牧草收获前，可施钾、氮肥，不必施磷肥。夏季施肥在第一次利用后进行，施入氮、磷、钾全肥，以促株丛再生和新草群的形成；秋季施肥可施足量的钾、磷肥，而不必施用氮肥，以促使牧草地下部分积累贮藏营养物质，供冬季休眠和翌年再生的需要。南方栽培牧草一年收获3～4次，除最后一次应施入钾、磷肥外，每次收获后都应施入氮、磷、钾全肥。夏季追肥每亩的施用量为氮肥7～8千克、磷肥5～6千克、钾肥5～6千克。秋季最后一次追肥磷肥可适当减少，氮肥不必施用。

五、灌溉

1. **灌溉的重要性** 充足的水分是牧草正常生长必不可少的条件。牧草茎叶繁茂，其需水量远比一般作物多。一般牧草单位面积的需水量为玉米的2～3倍。重庆尽管降水较多，但由于降水的季节不平衡以及草地坡度较大，降水得不到有效利用。特别是夏季伏旱时间很长，有时数十天滴雨不降，加上持续高温时间长，往往给牧草带来毁灭性的灾害。所以人工草地必须具备灌溉条件，确保及时灌溉。

2. **水源及灌溉方法** 解决灌溉水源应因地制宜。在离草地较近处如有河流、水库或泉水，引水至草地高处，修一蓄水池，借助一定的压力差进行浇灌；如无地面水源，可打水井，修蓄水池，抽水灌溉。重庆人工草地都有一定坡度，无论利用何种水源，都不能进行流灌。在草地面积较小的情况下，可以采用长胶管浇灌；大面积的人工草地，则宜安装喷灌设施进行喷灌。在海拔 800 米以上的草地，一般夏季气温相对较低，四季降水也比较均匀，完全靠天然降水也能基本满足牧草生长的需要。

灌溉次数和灌溉量因牧草种类和灌溉条件有所不同。一般豆科牧草比禾本科牧草对水的需要更敏感，更容易出现干旱。对于混播牧草来说，一般灌溉次数为刈割次数的 2 倍。灌溉次数要视降水情况和土壤湿润程度而定，有降水或土壤湿润，灌溉次数可减少。如果灌溉水源不足，则应在豆科牧草开始孕蕾时灌溉，一次灌水量一般为每亩 80 米 ^{3}。

六、排水

重庆雨水较多，较大地块一定要留排水沟，特别是大面积整地，土地要有一定坡度，利于排水，同时留足排水沟。否则极易积水，影响牧草生长，见图 4–30、图 4–31。

图 4–30　排水沟（李发玉　摄）

图 4–31　排水沟（李发玉　摄）

七、病虫害防治

人工草地、改良草地尤其是成片改良草地，改良效果好，优良牧草增加，适口性增强，营养性好，各种家畜喜食，同时，引进的牧草在新的环境下适应性比本地草弱，因此，病虫害极易发生，甚至暴发。因此在人工草地和改良草地建植完成后的前几年应高度重视，密切观察，一旦发生，尽快治理。否则易形成毁灭性灾害。

禾本科草地黏虫类虫危害较多（图 4-32、图 4-33），严重时还危害豆科及其他杂草类，危害整个草地。实践中，重庆黔江、石柱、武隆、丰都等区县草地建设项目建成后的规模草地均暴发过黏虫病。其次锈病也较多发。豆科草地褐斑病、菌核病、锈病有发生。

黏虫病多用 2.5% 敌百虫或 5% 马拉硫磷溶液喷杀。菌核病用甲硫 · 福美双可湿性粉剂稀释 400 倍喷洒。锈病多用 150 ~ 200 倍液高脂膜（乳剂）喷施。褐斑病多用 1% 波尔多液喷施。

注意事项：为了生态平衡和安全，病虫害防治尽量少用或不用化学试剂，不使用国家明令禁止使用的农药。

图 4-32 草地黏虫（李发玉 摄）

图 4-33 草地黏虫暴发（李发玉 摄）

第五章

收割调制

第一节　饲草收割

一、适时收获技术

适宜重庆生产的一年生饲草主要包括甜高粱、青贮玉米、苏丹草、一年生黑麦草、紫云英、光叶紫花苕、燕麦等。禾本科最佳的收割期应该在拔节后期开始，经历抽穗到乳熟期结束；豆科牧草一般在开花期刈割。作为青饲的饲草，在拔节期（初花期）开始收获；作为干草或者青贮饲料的饲草，应该在抽穗期至乳熟期（盛花期）收获；晚熟品种，应该在第一次降霜之前 10 天收获。一般情况下，高大草本刈割留茬高度 10 ~ 15 厘米，低丛草本刈割留茬高度 5 ~ 10 厘米。

本书主要以甜高粱、一年生黑麦草和青贮玉米为例介绍牧草收获技术。

（一）一年生饲草

1. 饲用甜高粱

（1）特点　饲用甜高粱、苏丹草类饲草的营养价值受生育期的影响较大，不同生育期的植株营养特性和青贮特性有很大的差别，根据不同品种，收获期应有一定差别。 饲用甜高粱、苏丹草类饲草粮、秆兼收，籽粒的饲用价值等同普通粒用高粱。甜高粱、苏丹草茎秆的主要营养成分高于青贮玉米茎秆，含糖量是青贮玉米的 2 倍，无氮浸出物较玉米高 60% 以上。

（2）收获技术　收割时间不宜太早或太晚。株高 1 米以前，植株氢氰酸含量较高，应在株高 1.2 米以上刈割利用；收获太晚时，青贮无法降低植物体内的生物碱含量，饲喂价值降低，容易引起动物胀气和腹泻，一般乳熟期前要刈割。刈割高度应该控制在 10～15 厘米，水分含量高时，需适当延长晾晒时间。一般情况下，从抽穗期至乳熟期，选择晴天适时收获，见图 5-1、图 5-2。

图 5-1　甜高粱刈割期（尹权为　摄）

图 5-2　苏丹草刈割期（尹权为　摄）

2. **多花黑麦草**

（1）特点　重庆地区多花黑麦草一个生产季可以收获 3～5 茬，每茬次的适宜收获期是孕穗期至初花期。多花黑麦草在春秋季生长繁茂，草质柔软多汁，适口性好。孕穗期至初花期总可消化物质较多，粗蛋白质和粗脂肪含量高，粗纤维含量相对较低，能够保证草产品质量和产量。

（2）收获技术　多花黑麦草适当推迟刈割（初花期）有利于提高单位面积产量和可消化干物质产量。南方多雨，晒制青干草时要做好计划，避开雨天，主要利用方式为直接青饲或青贮。一般在孕穗期开始收割（80% 的植株进入孕穗期），到初花期收割完毕，见图 5-3、图 5-4。

3. **青贮玉米**

（1）特点　青贮玉米产量和质量相对较高，植株高大、适应性好，营养含量丰富，青贮利用刈割时粗蛋白质含量可达 9%，消化率和适口性较高。

图 5-3　多花黑麦草适宜收割期
（尹权为　摄）

图 5-4　多花黑麦草收割后
（尹权为　摄）

重庆多为一次性收割青贮玉米品种。

（2）收获技术　全株青贮玉米在乳熟期至蜡熟期之间进行刈割，不宜过早（抽雄前），也不要过晚（乳熟期后），收割过早，籽实未形成，综合营养差。

青贮玉米生长后期，营养物质富集于籽实中，茎叶品质较差，纤维含量高，不易青贮调制。刈割留茬高度通常在 10 厘米左右为好，收割时不要连根刨起，也不要混入泥土。专用型青贮玉米在黄叶数为总叶数 1/8 或者初次出现丝絮或者抽雄后 30 天开始收割，经过 1/3 乳线期至 1/2 乳线期结束收获，见图 5-5、图 5-6。

图 5-5　青贮玉米适宜收割期

图 5-6　青贮玉米收割

（二）多年生饲草

适宜重庆生产的多年生饲草主要包括杂交狼尾草（皇竹草、桂牧一号等）、扁穗牛鞭草、红三叶、白三叶、紫花苜蓿等。多年生豆科饲草最适收获期应该在花蕾期开始至盛花期结束，禾本科多年生饲草应该在孕穗期开始至初花期结束。一般情况下，高大草本刈割留茬高度 10 ~ 15 厘米，低丛草本刈割留茬高度 5 ~ 10 厘米。收获时间应该在晴天、无露水时进行。在此以杂交狼尾草、扁穗牛鞭草、红三叶为例进行描述。

1. 杂交狼尾草

（1）特点　生长速度快、产量高、可刈割多次，抑制杂草能力强，草质柔软多汁，一般多用青饲、青贮。干物质中粗蛋白的含量可达 12%。收获季节可以与大多数粮食作物收获错开。

（2）收获技术　株高 100 ~ 250 厘米时刈割，留茬高 10 ~ 20 厘米。重庆每年可割 3 ~ 6 次，高温多雨地区，水肥充足，每隔 30 天左右即可刈割一次。未经适应的品种在重庆地区海拔 600 米以上越冬时，能力表现较差。

推迟收获期，饲草中的粗蛋白质含量降低，酸性洗涤纤维含量增加。收割次数增加，草质幼嫩，含水量高，青贮利用时应适当晾晒或加入干物质，降低水分。每次刈割后适当施用氮肥，有利于再生草的生长，见图 5–7、图 5–8。

图 5–7　皇竹草适宜收割期（尹权为　摄）

图 5–8　皇竹草机械收割（尹权为　摄）

2. 扁穗牛鞭草

（1）特点　扁穗牛鞭草是西南地区常见饲草，具有较高的产草量和适应性。鲜草、干草产量显著高于苜蓿、鸭茅等饲草，生长速度快，抗逆性强，耐刈割，耐践踏，生长期长，管理方便。拔节期至抽穗期收获的扁穗牛鞭草营养丰富，粗蛋白质含量高，质地柔软，利于加工调制及直接饲喂。

（2）收获技术　作为饲草，扁穗牛鞭草收获期应该控制在拔节期至抽穗期。适当提前收获时间，保证草质。收割后适当施用氮肥有利于提高产量和改善品质。重庆地区一年可刈割 3～4 次，第一次在 4 月下旬左右，见图 5-9、图 5-10。

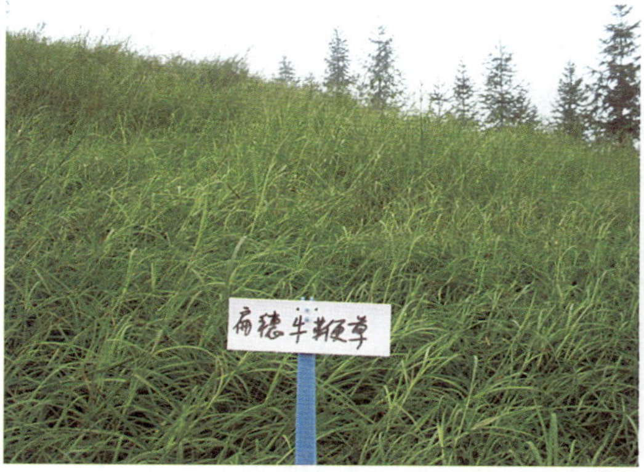

图 5-9 扁穗牛鞭草适宜收割期（尹权为 供）

图 5-10 扁穗牛鞭草刈割（尹权为 供）

3. 红三叶

（1）特点 红三叶是重庆较适宜的多年生豆科牧草，初花期红三叶干物质中粗蛋白质含量在 20% 以上，氨基酸、矿物质、维生素比较丰富。

（2）收获技术 最佳的收获期为初花期至盛花期，可刈割 3～4 次（冬前刈割一次，开春后刈割 2～3 次），刈割高度为 5～10 厘米。注意：收获时遇雨或高温高湿季节底部叶片容易腐烂；刈割利用需要进行适当晾晒，控制水分；夏季高温高湿时适当缩短刈割周期，以免植株过高底部通透性不强，见图 5-11、图 5-12。

图 5-11 红三叶适宜收割期（尹权为 摄）

图 5-12 红三叶刈割（尹权为 摄）

二、收获技术参数

禾本科饲草在孕穗期至乳熟期收获；豆科饲草在现蕾期至盛花期收获。鲜饲可适当提前、青贮可适当延后。部分饲草可以提前或者推迟收获，根据当地气候条件决定。晚熟品种需要在降霜前一个月收获，利用饲草调制越冬干草。重庆地区主要饲草的收获技术参数见表 5–1。

表 5–1　饲草收获技术参数

种名	刈割时期	刈割次数（次）	留茬高度（厘米）	备注
苜蓿	初花期	3～5	4～6	过冬前最后一次刈割留茬高度 7～8 厘米；秋播当年刈割 1 次
白三叶	初花期	3～5	4～6	秋播当年刈割 1 次
红三叶	初花期至盛花期	3～4	5～8	秋播当年刈割 1 次
紫云英	现蕾期至盛花期	1	5～10	
箭筈豌豆	盛花期至结荚期	1～2	5～10	利用再生草时首次刈割应适当增加留茬高度
多年生黑麦草	盛花期	2～4	5～10	
多花黑麦草	孕穗期至初花期	3～5	5～10	秋播当年刈割 1 次
鸭茅	抽穗初期	2～3	5～8	秋播当年刈割 1 次
苇状羊茅	抽穗期	2～3	5～10	
苏丹草	孕穗期至乳熟期	2～3	5～10	
象草	株高 1 米以上	3～6	10～15	青饲，株高 100 厘米以上开始刈割；青贮，株高 200 厘米以上开始刈割
杂交狼尾草	株高 1 米以上	3～6	10～20	青饲，株高 100 厘米以上开始刈割；青贮，株高 250 厘米以上开始刈割
扁穗牛鞭草	拔节期至孕穗期	3～4	5～8	
青贮玉米	乳熟期至蜡熟期	1	5～10	
甜高粱	孕穗期至抽穗期	2～3	5～10	青饲，孕穗期；青贮，乳熟期
黑麦	抽穗期	2～3	5～8	
燕麦	拔节期至完熟期	1～2	5～8	青饲，拔节期至开花期；青贮，抽穗期至完熟期
菊苣	株高 40 厘米以上	3～4	10～20	

第二节　青干草调制

一、适宜青干草调制的牧草种类

重庆地区适合制作青干草的牧草种类主要为禾本科和豆科，尤其以禾本科低矮种类为主。

1. **禾本科类**　重庆天然草地绝大多数是以禾本科牧草为主，如黑麦草、无芒雀麦、鸭茅、苇状羊茅等。这类青干草一般含粗蛋白质和钙较少，其营养价值因种类和刈割时期不同而差异甚大。栽培的饲草，如燕麦、黑麦草、大麦、稗子等在抽穗－乳蜡熟期刈割，也可调制成青干草，通称为谷类青干草。这一类干草是重庆制作青干草的主要原料。

2. **豆科类**　豆科青干草是苜蓿、沙打旺、草木犀、三叶草、野豌豆等豆科植物调制的青干草，营养价值较高，富含可消化的粗蛋白质、钙和胡萝卜素等。牛、羊日粮中配合一定数量的豆科干草，可以弥补饲料中蛋白质数量和质量方面的缺乏。如用豆科青干草和玉米青贮饲料搭配饲喂牛、羊，可以减少精料用量。

二、干草调制方法

牧草干燥过程中，必须掌握以下基本原则：①尽量加速牧草的脱水，缩短干燥时间，以减少由于生理、生化作用和氧化作用造成的营养物质损失。②在干燥末期应力求植物各部分的含水量均匀。③防止雨淋，并避免长时间曝晒。在草场上让牧草凋萎，然后搂成草垄或小草堆进行干燥。干旱季节，鲜草含水量较低时，刈割后直接将草搂成草垄进行干燥。④集草、聚堆、压捆等作业应在植物细嫩部分尚不易折断时进行。常用的干燥法有自然干燥法和人工干燥法。

（一）自然干燥法

自然干燥法主要指地面干燥法（图 5–13、图 5–14）。自然干燥法相对成本较低，但是在重庆地区降水量较大，选择自然干燥法调制干草时，要随时关注天气，刈割时间应选择连续晴朗天气。自然干燥主要分两个阶段：第一

图 5-13　自然晾晒

图 5-14　及时翻晒

阶段是将适时收割的原料采用地面薄层平铺曝晒法，在阳光下曝晒 4 ~ 5 小时，草中水分迅速蒸发降至 40% 左右，这时植物细胞死亡，呼吸停止。这个阶段一定要将草铺开、铺平、勤翻动，以加快水分蒸发，缩短晒制时间。第二阶段是使植物含水量降至 14% ~ 17%，抑制酶的活动，减少营养损失。植物中水分由 40% 降至 14% ~ 17% 是一个较缓慢的过程，不能采用阳光曝晒，而应减少日晒，以免胡萝卜素大量损失。可采用堆小堆或移至通风良好的棚下逐渐干燥，此阶段要减少翻动，以免叶片大量脱落，造成营养损失；尤其是豆科牧草叶子含水量为 25% ~ 30% 时，叶片容易脱落。青干草调制完毕后要及时堆垛，以免受到雨淋而降低青干草的营养价值。

（二）人工干燥法

人工干燥法在近 30 年发展迅速，草地畜牧业发达国家（如美国和加拿大）在紫花苜蓿干草调制过程中常用人工干燥法。人工干燥可减少牧草自然干燥过程中营养物质的损失，使牧草保持较高的营养价值。但是丘陵地区规模化、机械化程度不高，生产成本相对较高。人工干燥法主要包括常温鼓风干燥法和高温快速干燥法。

1. 常温鼓风干燥法　牧草的干燥可以在室外露天堆贮场，也可在干草棚中进行干燥，堆贮场和干草棚中都安装常温鼓风机。不经堆垛后，通过草堆中设置的栅栏通风道，用鼓风机强制吹入空气，达到干燥目的。常温鼓风干燥适于在干草收获时期，大部分时间相对湿度低于 75% 和温度高于 15℃的地方使用。在空气相对湿度高的季节，鼓风用的空气应适当加温。干草棚常温鼓风干燥的牧草质量优于野外直接干燥调制的干草。

2. 高温快速干燥法 高温快速干燥常用烘干机将牧草水分快速蒸发掉，烘干机有不同型号，有的烘干机入口温度为75～260℃，出口温度为25～1 160℃；有的烘干机入口温度为420～1 160℃，出口温度为60～260℃。含水量80%～85%的新鲜牧草在烘干机内经数分钟，甚至几秒钟即可使水分下降到10%左右。对牧草的营养物质含量及消化率几乎无影响。

三、干草贮藏

干草贮藏是牧草生产中的重要环节，可保证一年四季或丰年歉年干草的均衡供应，保持干草较高的营养价值，减少微生物对干草的分解作用。干草水分含量的多少对干草贮藏能否成功有直接影响，因此在牧草贮藏前应对牧草的含水量进行判断。如果贮藏不当，轻则降低干草的饲用价值；重则发霉变质，失去饲用价值；严重贮藏不当，甚至还会引起火灾。

（一）散干草堆藏

当调制的干草水分含量达14%～17%时即可贮藏。干草体积越大，干草棚通风要求就越高。草垛大小视产草量的多少而定垛成圆形或长方形（图5-15）。垛草时要一层一层地进行，并要压紧各层，特别是草垛的中部和顶部，草垛下层用树干、秸秆等铺底，厚度不少于25厘米，避免干草与地面接触。草棚周围挖排水沟。

图5-15 散干草堆藏

（二）干草捆贮藏

干草捆体积小，重量大，便于运输，也便于贮藏（图 5-16）。草垛大小以草量、干草棚大小而定。底层草捆应和干草捆的宽面相互挤紧，窄面向上，整齐铺平，不留通风道或任何空隙。其余各层堆平（窄面在两侧，宽面在上下）。为了使草捆位置稳固，上层草捆之间的接缝和下层草捆之间的接缝错开。从第 2 层草捆开始，在每层中设置一定宽度的通风道（一般 20 厘米左右），在双数层开纵向通风道，在单数层开横向通风道，通风道的数目根据草捆的水分含量确定。

图 5-16　干草捆堆放

干草在草棚中贮藏损失小，营养物质损失在 1%～2%，胡萝卜素损失在 18%～19%。干草棚应设在畜舍附近，以便饲喂取运。规模较大的贮草场应设在交通方便、平坦干燥、离居民区较远的地方，贮草场周围应设置围栏或围墙。简单的干草棚只设支柱和顶棚，四周无墙，成本低。

四、干草品质鉴定

干草品质鉴定分为化学分析与感官判断两种。化学分析也就是实验室鉴定，包括水分、干物质、粗蛋白质、粗脂肪、粗纤维、无氮浸出物、粗灰分及维生素、矿物质含量的测定，各种营养物质消化率的测定以及有毒有害物质的测定。生产中最常用的感官判断主要依据下列几个方面对干草品质作出粗略鉴定。

1. **颜色** 干草的绿色程度越接近活体，其营养素的保存越多。优质干草颜色深绿，劣质干草颜色黄白或黑褐，鉴定时打开草捆用肉眼观察，见图5–17至图5–19。

图 5–17 晒制质量较好的青干草

图 5–18 直接曝晒制成的干草

图 5–19 翻晒不及时、通风不好制成的青干草

2. **气味** 优质干草具有能刺激家畜食欲增强适口性的浓郁芳香味。一般第一茬草比再生草芳香味更加浓郁，质量较差的干草缺少芳香气味，劣质干草特别是霉变的干草，会散发出霉烂或焦灼气味。

3. **叶片含量** 干草中叶片部分营养价值最高，与茎秆相比，所含蛋白质、矿物质高 1.0 ~ 1.5 倍，胡萝卜素高 10 ~ 15 倍，纤维素低 1 ~ 2 倍，消化率高 40%，因此叶片的多少是确定干草质量的重要指标。取一束干草，查看附着于叶柄上叶片的多少，优质干草叶片基本不脱落或很少脱落，劣质干草则叶片存量少。优质豆科牧草干草中叶量应占干草总重量的 40% 以上，优质禾本科牧草叶片应不脱落。

4. 含水量 干草的安全含水量为 14% ~ 17%。含水量超过 17% 时，不利于贮藏。用手握一束干草，轻轻扭转。草茎稍有弹性而不断，含水量约为 17%；轻微扭转，有草茎破裂声而断开，表明过于干燥；能打成草绳而茎不断，则水分过多。

5. 病虫害情况 抓一把干草检查叶片、茎秆、花穗上是否有病斑、虫蛀情况，如果发现有病斑、虫蛀等现象，则草质变劣，不宜饲喂家畜。

第三节 饲草青贮调制

一、青贮调制的意义

1. 提高饲草的利用价值 新鲜的饲草水分高、适口性好、易消化，但不易保存，容易腐烂变质。青贮后，可保持青绿饲料的鲜嫩、青绿，营养物质不但不会减少，反而有一种芳香酸味，刺激家畜的食欲，增加采食量，对家畜的生长发育有良好的促进作用。

2. 扩大饲料来源 青贮原料除玉米秸秆、甘薯藤、甘薯块茎外，还有牧草、蔬菜、树叶及一些农副产品等，如向日葵头盘、菊芋茎秆等。青贮可以除去异味和毒素，如马铃薯鲜喂有毒，木薯也不宜大量鲜饲，青贮后可安全饲用。

3. 调整饲草供应时期 饲草生产的季节性比较明显，淡季缺少青绿饲料，旺季时消耗不完，饲草、饲料易浪费。青贮可以做到常年均衡供应，有利于提高畜禽的生产能力。

4. 经济实惠 青贮可以使单位面积收获的总养分保存达最高值，减少营养物质的浪费。另外，青贮便于实现机械化作业，减轻劳动强度，提高工作效率。

5. 防治病虫害 青贮可以杀死虫卵、病原菌，如玉米、高粱的钻心虫和牧草的一些害虫，减少家畜寄生虫病和消化道疾病的传播，同时也减少植物病虫害的传播与蔓延。

二、青贮原料

要调制出优质的青贮饲料，青贮原料本身必须富含各种营养成分。青贮原料的选择和预处理主要考虑两个方面的因素。

1. 含糖量高 含糖量是指青贮原料中易溶性碳水化合物的含量，青贮原料中的含糖量至少应为鲜重的1%以上，这是保证乳酸菌的大量繁殖、形成足量乳酸的基本条件。因此，应选择植物体内碳水化合物含量较高、蛋白质含量较少的原料作为青贮的原料，如禾本科植物、块根类原料。而含可溶性碳水化合物较少、含蛋白质较多的原料，如豆科植物、马铃薯茎叶、木本蛋白饲料植物等原料，较难青贮成功，不宜单贮，多采用与高糖分原料混合青贮。

2. 水分适当 适当的水分是微生物正常活动的重要条件，青贮原料必须含有适当的水分。青贮原料含水量65%～75%时，最适乳酸菌繁殖。水分过少，既影响微生物的活性，也造成物料难以压实，好气性菌大量繁殖，饲料易发霉腐烂；水分过多，糖浓度低，利于酪酸菌的活动，易结块，青贮品质变差，同时植物细胞液汁流失，养分损失大。对水分过多的饲料，应稍晾干或添加干饲料混合青贮。

三、青贮设施

（一）青贮设施种类

青贮设备设施的种类有很多，青贮设备可采用土窖、砖砌、钢筋混凝土，也可用塑料制品、木制品或钢材制作，主要有青贮窖、青贮塔、青贮池、青贮袋、青贮箱、青贮壕、拉伸膜裹包及平地青贮等形式。由于青贮过程中要产生较多的有机酸，因此永久性的青贮设备需要经防腐处理，大型固定设施墙壁需要加固以承受重压。青贮设备无论其结构、材质如何，只要能达到密闭、抗压、承重及方便装卸即可。重庆常采用青贮池（窖）、青贮壕、青贮袋及拉伸膜裹包形式。

1. 青贮窖 青贮窖（图5-20）呈圆形或方形，可用混凝土建成。其宽深之比为 1 :（1.5 ~ 2.0），深度一般不超过 5 米，长度根据家畜头数和贮存饲料多少而定。重庆以方形居多，青贮窖建成地下式，也可建成半地下式。地下式青贮窖适于地下水位较低、土质较好的地区，半地下式青贮窖适于地下水位较高或土质较差的地区。永久性窖，窖四周用砖石砌成，三合土或水泥抹面，坚固耐用，内壁光滑，不透气，不漏水。青贮窖的主要优点是造价较低，作业也比较方便，既可人工作业，也可以机械化作业。青贮窖可大可小，能适应不同生产规模，比较适合我国农村现有生产水平。青贮窖的缺点是贮存损失较大。

图 5-20　青贮窖池

2. **青贮壕**　青贮壕（图 5-21）是一个长条形的壕沟状建筑，沟的两端呈斜坡，沟底及两侧墙面一般用混凝土砌抹，底部和壁面必须光滑，以防渗漏。一般建成地下式或半地下式，也可建成地上青贮壕。优点是造价低，易于建造。缺点是密封面积大，贮存损失率高，在恶劣的天气取用不方便。但青贮壕有利于大规模机械化作业，通常拖拉机牵引着附属机械从壕的一端驶入，边前进、边卸料，从另一端驶出。拖拉机和附属机械驶过青贮壕，既可卸料又能压实饲料，这是青贮壕的特点。装填结束后，物料表面用塑料布封顶，再用草料、沙袋、废旧轮胎等重物压紧，以防空气进入。

3. **青贮袋**　青贮袋（图 5-22）是利用塑料袋形成密闭环境从而进行饲料青贮。袋贮的优点是方法简单，贮存地点灵活，喂饲方便，袋的大小可根据需要调节。为防穿孔，宜选用厚而结实的塑料袋，可用两层。小型塑料袋青

图 5-21 青贮壕

图 5-22 青贮袋

贮依靠人工装袋，人工踩实压紧，效率很低，适用于农村家庭小规模青贮调制。塑料袋可用土埋住或放在畜舍内，要注意防鼠防冻。

图 5-23 拉伸膜青贮包

4. 拉伸膜 拉伸膜是近年来新兴的用来裹包青贮的材料。拉伸膜裹包青贮（图 5-23）是指收割后的饲草直接或者经切碎、揉搓等加工后用打包机械打包成高密度草捆，再用专业拉伸膜裹包，从而创造出厌氧环境，制作成优质的青贮饲料。拉伸膜裹包青贮优点是投资少、见效快、综合效益高；密封好，青贮质量好，损失浪费极少；保存期长，可长达 2 年；不受季节、日晒、降雨和地下水的影响，可露天堆放；储存方便，取饲方便。采用草捆裹包青贮法，要注意防止拉伸膜破损，一旦发现破损，应随时粘补。

（二）青贮设施要求

1. **不透气** 密封是调制良质青贮料的首要条件。无论用哪种材料建造青贮设施，必须做到严密不透气。青贮窖、壕等可用水泥等防水材料抹平墙壁、底部缝隙，也可在内壁衬（垫）一层塑料薄膜。

2. **不透水** 固定青贮设施不要靠近水塘、粪池，以免污水渗入。地下或半地下式青贮设施的底面必须高出地下水位。青贮设施周围要有排水沟，防止雨水进入。

3. **墙壁要平直** 青贮设施的墙壁要平滑垂直，墙壁的角要圆滑，利于青贮料的下沉和压实。青贮料一旦与墙体形成缝隙，会造成青贮料大量霉败。

4. **深度适当** 方形青贮设施的宽度一般应小于深度，宽：深以1：1.5左右为宜，以利于青贮料借助本身重力而压得紧实，减少青贮设施里的空气，保证青贮料质量。

5. **能防冻** 重庆高海拔地区地上式的青贮设施必须有防止青贮料冻结的防护措施，如增设防风墙、顶棚等，防止窖内青贮料冻结。

四、青贮加工及管理

（一）青贮加工方法

按照原料干湿程度，青贮加工方法主要有两种：常规青贮和半干青贮。

常规青贮是指青贮原料收割后，一般含水量在65%～70%时，加工后厌氧贮存。青贮保存饲料的原理是靠乳酸菌发酵饲料中碳水化合物产生乳酸，降低饲料pH，从而抑制其他杂菌繁殖。

半干青贮是指青贮原料收割后放置一段时间，待其含水率降到40%～55%时，加工后厌氧贮存。半干青贮饲料发酵程度低，乳酸含量低，pH较常规青贮高，饲料的保存主要依赖于较高的渗透压。由于青贮饲料原料的水分含量低，对物料压实的要求较高。半干青贮主要用于豆科牧草。

重庆常用的青贮加工方法是常规青贮，以下介绍常规青贮的加工处理方法。

1. **收割与运输** 青贮饲料的营养价值除了与原料的种类和品种有关外，还与收割时期有关。一般早期收割的营养价值较高，但是收割期过早生物产量低，同时水分过高影响发酵品质。因此要根据不同牧草种类，在适宜的生育期收割。运输时采用轮式和履带式运输车，黏重程度高、含水量大的种植地，适宜用履带式运输车，见图 5-24、图 5-25。

图 5-24　轮式运输车

图 5-25　履带式运输车

2. 调节水分　大多数适宜青贮的饲草适时收割时其原料含水量为 75%～85%，对于含水量过高或过低的青贮原料，青贮时均应进行含水量调节处理。水分过多的饲料，青贮前应晾晒凋萎，使其水分含量达到要求后再行青贮；雨水多的地区无法通过晾晒达到合适水分含量，可以采用混合米糠、麸皮等低水分饲料的方法，使混合青贮料总体的含水量达到适宜的水分含量。

3. 切碎或铡短　原料切碎便于压实排除空气。用切碎机、铡草机等机械切铡，有条件的也可揉搓、揉丝，切碎长度为 2～3 厘米，见图 5-26、图 5-27。

图 5-26　青贮场揉切

图 5-27　收割加工揉切一体车

4. 装填与压紧 原料要随装随压，逐层平排装填，一般每装填 50 厘米后压实一次，一定要压实到无弹力的程度，尽可能排除空气。大型青贮窖则可车辆压实（图 5–28），每立方米装青贮原料 600 千克左右。整个装填过程要求尽可能迅速和不间断，一个青贮池、壕应在 3 天内装填完毕，当天或者一次不能装满，立即在已装的原料上盖上一层塑料薄膜，次日继续装填。青贮原料装满后，还应继续装填原料，使其高出池、壕的边缘 50 ~ 100 厘米，再压踏实防止青贮料沉降后低于池、豪的边沿，引起漏气或积水。

袋装和拉伸膜青贮可用机械压缩打包（图 5–29）。

5. 密封 装填镇压完毕，用整块塑料薄膜封盖，盖上 5 ~ 10 厘米厚铡短的湿稻草，也可薄膜上压 10 ~ 20 厘米厚的泥土（砂）袋或者一层轮胎压实，防止空气进入导致霉变。池、壕顶隆起成馒头状，以利雨水排出。袋装青贮和拉伸膜青贮经过镇压、打捆、套袋或者裹膜密封，形成厌氧条件。袋装青贮料装入塑料薄膜袋后，再装入保护袋，堆放在一起，见图 5–30 至图 5–33。

图 5–28　边装边压

图 5–29　机械压缩打包

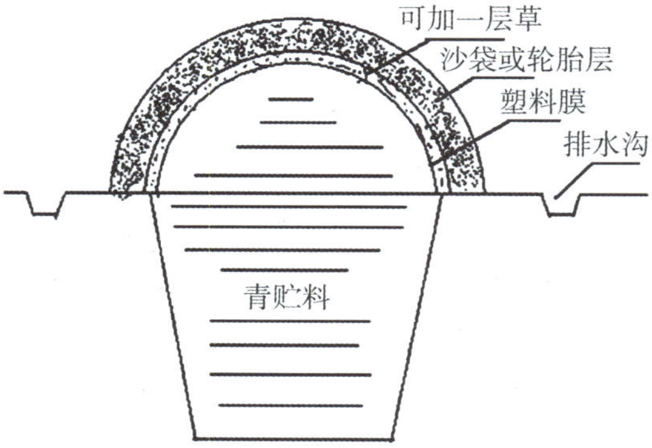

图 5–30　青贮窖密封后剖面图

图 5–31　青贮壕密封

图 5-32 打包袋装青贮

图 5-33 拉伸膜裹包青贮

（二）管理

青贮物料装好后要专人看管，定期或不定期检查压实物有无缺失，薄膜有无鼠害等破坏，及时修补破损，保证整个过程密闭不漏气。

五、青贮饲料品质鉴定

青贮饲料贮藏过程中的养分损失与发酵品质、青贮产品的饲用价值直接相关，直接影响畜禽的采食量、适口性、生理功能和生产性能。因此，青贮饲料利用前应正确评价青贮饲料品质。

青贮品质的鉴定有两种方法，一种是根据发酵的优劣状况即发酵品质（所谓狭义品质）来评定；另一种是根据青贮饲料的饲用价值（广义品质）来判断。通常所指的青贮品质是指基础鉴定的狭义上的品质。

青贮饲料品质基础鉴定分为感官评价和实验室鉴定。实验室鉴定主要通过化学分析来判断发酵情况，包括测定 pH、有机酸（乙酸、丙酸、丁酸、乳酸）的总量和构成、水分以及游离氨含量等指标，通过测定游离的氨含量，计算出氨态氮占总氮的比例是评价蛋白质分解程度最有效的指标。

实际生产中，常通过感官和测定 pH 及水分含量来简易评价青贮品质。

（一）感官评价

在青贮饲料启用时，通过感官鉴定法来评价青贮饲料品质优劣，直观判定品质优劣及是否可用（图 5-34、图 5-35）。半干青贮常只采用感官评价，评为差等的青贮料不宜饲喂家畜。评价标准见表 5-2。

图 5-34　漏气导致质量差的青贮料

图 5-35　色泽好、质量较好的青贮料

表 5-2　青贮饲料感官评价标准

等级	颜色	香气	酸味	质地
优良	比较接近原料的颜色，一般呈黄绿色或青绿色	芳香、酒酸味	酸味较浓	柔软湿润，原料茎、叶、花保持原状，叶脉等清晰可见，松散
中等	与原料颜色相差较大，呈黄褐色或暗绿色	芳香味弱，稍有酒精或醋酸味	酸味中	柔软，水分稍多，原料茎、叶、花基本保持原状
差等	黑色或墨绿色	刺鼻腐臭味、霉味或其他怪味	酸味淡，味苦	腐烂、黏结成块或滴水，原料茎、叶、花原状保持极差

（二）pH 测定

实际生产中，一般只需要对感官评价为优良、中等的常规青贮饲料进一步评价时，常做 pH 测定、感官评价综合评价青贮品质。

1. 抽样　青贮料样品的采取时，先去除覆盖物，如黏土、碎草等及上层发霉的青贮料，再从不同层次取样。青贮窖中不同层次、不同部位青贮料的质量受茎叶比例、压实程度、水分含量等影响，差异较大。因此青贮料 pH 测定应多部位、多点取样，一般不少于 15 个点；实际生产中只检测 pH、水分等常见指标值时，主要从横面或纵面多点分层 9 点取样法取样（图 5-36）。但若采样量过大，压缩成分析样品时，耗时费工；对有些成分，如胡萝卜素含量测定过程中还会引起氧化破坏。因此，应根据需要和实验室条件适度掌握取样点。以专门试验为目的的青贮饲料样品，可在窖贮时将切碎的原料装入尼龙网，置入青贮窖内适当位置。启窖时，可将“样品网”迅速送交实验室处理化验。

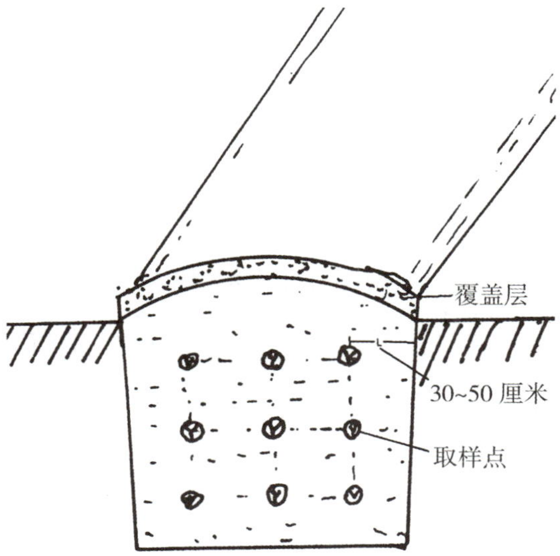

图 5-36 点取样法示意

取样注意事项：①青贮料取出要均匀，沿着池、壕中青贮料的整个表面呈均匀的层状取样，取下一层的深度冬天不得小于 6 厘米，温暖季节不得小于 10 厘米。②采样的部位要以池、壕中物料表面四角对角线为中心，从中心开始到距离池壁 30 ~ 50 厘米处，多点均匀采样。③采样后应马上覆盖好，以免空气进入造成腐败，冬季为了防止青贮料结块，应用草帘等轻便保暖物覆盖。

2. 试样制备 将抽取的青贮饲料充分混合后取样（相当于 15 克干物质的量），放入 200 毫升的广口三角瓶，加水 120 ~ 140 毫升，加塞后放 4℃冰箱内浸提 24 小时。取出并摇晃三角瓶，以保证浸提完全，将青贮饲料先液后渣进行过滤，尽量将残渣中的提取液挤出，通过滤纸的液体部分作为分析用提取液。

3. 测定 制得提取液后，采用“广泛 pH 试纸”进行简易测定，也可采用 pH 测定仪较为精细测定。

（三）水分含量测定

样点取样后混合均匀，在从混合样中取约 1 千克作用样品前称重 $M1$，

65℃鼓风干燥箱烘干 24 小时后，称重 $M2$，计算水分含量。

$$水分含量 = (M1-M2)/M1 \times 100\%$$

（四）简易综合评价

对感官鉴定为优等和中等的常规青贮饲料进行简易综合评价，即以颜色、气味（香气、酸味）、质地、pH 和水分等指标，分别打分，再按各项分数综合评定饲料青贮质量等级。综合评定为劣质的青贮饲料不宜饲喂家畜。评价标准见表 5–3、表 5–4。

表 5–3　常规青贮饲料简易综合评分标准

青贮料	等级	pH	水分	气味（香气、酸味）	颜色	质地
禾本科及秸秆类	优等	3.4（25）3.5（23）3.6（21）3.7（20）3.8（18）	65%（20）66%（19）67%（18）68%（17）69%（16）70%（14）	甘酸香味（25～18）	亮黄色（20～14）	松散柔软，不粘手（10～8）
	良好	3.9（17）4.0（14）4.1（10）4.2（8）	71%（13）72%（12）73%（11）74%（10）75%（8）	淡酸味（17～9）	黄褐色（13～8）	较松散，几乎不粘手（7～4）
	一般	4.3（7）4.4（6）4.5（5）4.7（3）4.8（1）	76%（7）77%（6）78%（5）79%（3）80%（1）	刺鼻酒酸味（8～1）	黄褐偏黑色（7～1）	略带黏性（3～1）
豆科类	优等	3.6（25）3.7（23）3.8（21）3.9（20）4.0（18）	65%（20）66%（18）67%（16）68%（14）	酸香味（25～18）	亮黄色（20～14）	松散柔软，不粘手（10～8）
	良好	4.1（17）4.2（14）4.3（10）4.4（8）	69%（13）70%（11）71%（10）72%（8）	酸味，酒酸味（17～9）	金黄色（13～8）	较松散，几乎不粘手（7～4）
	一般	4.5（7）4.6（6）4.7（5）4.8（3）4.9（2）5.0（1）	73%（7）74%（5）75%（3）76%（1）	刺鼻酸味，不舒适感（8～1）	暗黄褐色（7～1）	略带黏性（3～1）

注：1. 括号内数值表示得分数；
2. 秸秆主要指玉米秸秆及苕藤、花生藤等农作物秸秆；
3. 豆科类牧草青贮时一般加有高糖分的禾本科牧草。

表 5-4　常规青贮饲料质量综合评分等级

得分	100～72	71～37	36～11	≤10
等级	优等	良好	一般	劣质

第四节　青贮饲料利用

青贮饲料经过 40～50 天便能完成发酵过程。发酵完成后，根据生产需要，开封取用。

一、开封取用

1. 开窖取用　①青贮窖：首先取掉覆土、覆草，再一层一层往下取用，不允许从中间挖窝。②大型窖池：从一端开始，垂直往下逐段取用，当天用多少就取多少，取用后立即盖好，防止空气进入。随时清除腐烂、霉变的青贮料，以免影响整个青贮料的质量，见图 5-37、图 5-38。

图 5-37　铲车取料

图 5-38　切取机取料

2. 裹包青贮取用　根据需求量，按照从前往后、从上往下的顺序依次取用，防止堆放整齐的青贮包倒塌。取下来的青贮包，划破拉伸膜直接取用。饲喂前注意把打捆绳子、打包网剔除干净，见图 5-39、图 5-40。

图 5-39　青贮包取用

图 5-40　青贮包打开

二、饲喂原则

1. **逐渐适应**　青贮饲料由于其特殊的口感和气味，开始饲喂时，畜禽不习惯，要由少到多，逐渐适应。初喂的方法是先喂青贮料再喂草料，或将青贮料与其他草料拌在一起喂，青贮料最初少喂，逐渐加多。逐渐适应以后，可以直接饲喂，见图 5-41、图 5-42。

图 5-41　饲喂奶牛

图 5-42　饲喂肉牛

2. **合理搭配**　各种家畜几乎都可以饲喂青贮饲料。由于青贮饲料的理化特征包括容积大、含有机酸多，对于肥育后期的家畜及高产奶牛，既要达到一定的采食量，又要保持日粮有较高的营养浓度，故青贮饲料的搭配要求合理。为预防长期饲喂青贮饲料发生酸中毒，按精料混合料的 1.5% ~ 2.5% 添加碳酸氢钠，以调整机体酸碱平衡；为避免气味进入奶中，挤奶的家畜在挤奶2小时后再喂青贮饲料，以减少青贮饲料气味附到牛奶中，影响奶的风味。

3. **适宜喂量**　种畜的用量不宜太多，怀孕后期家畜也不宜多喂。各种家畜每天饲喂青贮饲料的参考用量：奶牛15～20千克，育成牛9～20千克，役牛10～20千克，育肥牛初期12～14千克，犊牛5～9千克，马7～10千克，羊5～8千克，兔0.5千克。

三、饲喂禁忌

腐烂、霉变及常规青贮饲料质量综合评分等级为“劣质”的青贮料不能饲喂；临产前10天左右和产后10天左右不要喂青贮料，防止引起流产和腹泻；保持饲槽清洁，喂后剩下的青贮料及时清理，以免变味，影响食欲；青贮料最好冬、春季节饲喂，因为夏季气温高，开窖后不易保存。

第六章

实用机械

第一节　动力机械

一、拖拉机

拖拉机是农业机械化生产中主要的动力机械，可配备不同的作业机械，以完成耕、耙、播、收、中耕、施肥、喷药以及开沟、挖掘、推土和运输等作业。农用拖拉机从结构形式上分为手扶拖拉机、轮式拖拉机和履带式拖拉机 3 种，驱动形式一般为四轮驱动，两轮驱动较少使用。

常用轮式拖拉机代表厂家有：第一拖拉机股份有限公司、约翰迪尔（宁波）农业机械有限公司、久保田农业机械（苏州）有限公司、福田雷沃国际重工股份有限公司、潍坊昊田农业装备有限公司等，见图 6–1 至图 6–3。

图 6–1　东方红 –LX704/754/804/854/904/954

图 6-2　约翰迪尔（宁波）农业机械有限公司 704 型拖拉机

图 6-3　久保田 M954KR 型轮式拖拉机

二、橡胶履带耕作机

橡胶履带耕作机主要由橡胶履带底盘、操控机构、发动机和车斗组成，橡胶履带底盘和车斗之间设置升降机构，升降机构与设置在橡胶履带底盘上的液压泵相连，橡胶履带底盘后端通过液压杆连接一个旋耕机构，橡胶履带底盘上设置电动泵，电动泵与橡胶履带底盘上的蓄电池相连。橡胶履带耕作机产品主要配置及参数见表 6-1。机手乘坐式操作，可有效解决大中型拖拉机在部分地块下陷或者坡度较大不能作业的难题，是解决南方丘陵地块的一种新型先进的农业机械，见图 6-4 至图 6-6。

表 6-1　橡胶履带耕作机主要配置及参数

产品型号	主要配置及参数	生产厂家
NF-702	外形尺寸 3 400 毫米 ×1 400 毫米 ×2 150 毫米；整机质量 2 000 千克；配套发动机额定功率 52 千瓦；配套发动机额定转速 2 400 转 / 分钟；耕幅 2 米；液压悬挂系统型式：半分置式；悬挂装置类型：后置三点悬挂	湖南农夫机电有限公司
1GLX-200	额定功率 55 千瓦；耕幅 2 米；作业效率 3～5 亩 / 小时	星光农机股份有限公司（浙江）
1GLZ-200/230	外形尺寸 3 600 毫米 ×2 250 毫米 ×2 600 毫米；整机重量 2 020 千克；配套动力 50 千瓦；耕幅 2 米；耕深 80～160 毫米；作业效率 3～5 亩 / 小时	中联重机浙江有限公司

图 6-4　湖南农夫机电有限公司 NF-702 型履带式旋耕机

图 6-5　星光农机股份有限公司（浙江）1GLX-200 型履带式旋耕机

图 6-6　中联重机浙江有限公司 1GLZ-200/230 型履带式旋耕机

橡胶履带耕作机具有三大特点：第一，履带接地面积大，平均接地压力低，可保证耕作深度稳定，通过性好。第二，由于采用橡胶履带、前置平衡架等结构，该机具在耕作时不会产生两条轮辙深沟，耕地平整度优于其他耕作机具，便于后续生产作业。第三，配套播种、犁铧、开沟等农具可完成旱地相应机械化作业。其缺点是机具转移困难，配套农具较少，质量有待进一步提高。

橡胶履带耕作机代表厂家有：湖南农夫机电有限公司，星光农机股份有限公司（浙江）、重庆鑫源农机股份有限公司、中联重机浙江有限公司等。

第二节　耕地机械

耕地机械是替代传统的人畜犁耕的农业机械。机耕可以把耕作层土壤翻松，并把杂草、作物残茬翻埋到土壤中，消灭杂草和病虫害，以利改善农作物、牧草的生长环境。重庆丘陵山区常用的耕地机械有旋耕机、微耕机、铧式犁、开沟机（器）、深松机等。

一、旋耕机

旋耕机是以旋转刀片为工作部件的动力驱动型土壤耕作机械。按其旋耕刀轴的配置分为横轴式和立轴式两类。以刀轴水平横置的横轴式旋耕机应用较多。具有碎土能力强、耕后地表平坦等特点，见图 6–7。旋耕机产品主要配置及参数见表 6–2。

图 6–7　旋耕机

旋耕机代表厂家有：中国一拖集团有限公司、河南豪丰机械制造有限公司、河北圣和农业机械有限公司、河北春耕机械制造有限公司、湖南中天龙舟农机有限公司、湖南农夫机电有限公司等。

表 6-2　旋耕机产品主要配置及参数

产品型号	主要配置及参数	生产厂家
1GQN-200ZG/230ZG/250ZG	1GQN-230ZG 主要技术参数：配套动力：58.82～73.5 千瓦（80～100 马力*）；耕幅 230 厘米；耕深 12～16 厘米；刀片总数量（左右各半）62 把；作业速度 2～5 千米/小时；结构重量 533 千克；外形尺寸 1 224 毫米 ×2 578 毫米 ×1 181 毫米；刀轴最大回转半径 245 毫米，纯生产率 0.32～0.80 公顷/小时	中国一拖集团有限公司
1GQN-160/180A/200A/230A	1GQN-200A 主要技术参数：配套动力 47.8～58.8 千瓦；外形尺寸 1 090 毫米 ×2 100 毫米 ×1 060 毫米；结构质量 415 千克；工作幅宽 200 厘米；耕深 8～14 厘米	河南豪丰机械制造有限公司
1GQN-200/1GQN-230/1GQN-300	1GQN-230 主要技术参数：配套动力 58.82～66.17 千瓦（80～90 马力）；结构质量 480 千克；工作幅宽 230 厘米；耕深：旱田 12～16 厘米，水田 14～18 厘米	河北圣和农业机械有限公司

二、微耕机

微耕机是以功率小于 7 千瓦的柴油机或汽油机为主要动力，以整体式全齿轮或皮带链条作为传动、耕作与行走为一体的小型农业机械，广泛适用于山区、丘陵的旱地、水田、果园、菜地、烟地的旋耕及浅旋耕等作业，部分机型配上相应装置可进行开沟、起垄，也适宜平原大棚等作业需要，见图 6-8 至图 6-12。从动力来源上，常用微耕机可分为汽油微耕机和柴油微耕机两种；从传动方式上，分为全齿轮传动型、皮带链条传动型及立式传动型。微耕机产品主要配置及参数见表 6-3。

重庆市生产微耕机的厂家较多，代表厂家有：重庆合盛工业有限公司、重庆鑫源农机股份有限公司、重庆威马农业机械有限公司、重庆嘉陵－本田发动机有限公司、重庆航天巴山摩托车制造有限公司、重庆华世丹机械

* 马力为非法定计量单位，1千瓦=1.341马力。

制造有限公司、重庆华伟联龙科技有限公司等。

图 6-8　全齿轮传动型微耕机

图 6-9　全齿轮传动型微耕机

图 6-10　全齿轮传动型微耕机（动力可配小型柴油机或汽油机）

图 6-11　皮带链条传动型微耕机（动力可配小型柴油机或汽油机）

图 6-12　金华市三人科技有限责任公司SRG-740 型微耕机

表 6-3　产品主要配置及参数

产品型号	主要配置及参数	生产厂家
1WG4.0-85FQ-ZC	全齿传动型；配套动力 4.0 千瓦；耕宽 0.85 米；耕深≥100 毫米；整机重量小于 70 千克	重庆合盛工业有限公司
1WG6.3TG	后置旋耕，工作平稳，振动小，配套相应机具能实现开沟、起垄、覆膜、剪草等作业功能。6.3 千瓦风冷式柴油机，耕幅 65 厘米，可实现起垄垄高 30 厘米；垄宽 60～78 厘米；整机重量 150 千克	重庆合盛工业有限公司
1WG4.2-100FQ-ZC	整机结构质量 73 千克；耕宽 1 米；耕深≥100 毫米；生产率≥0.6 亩 / 小时；燃油消耗率≤40 千克 / 公顷	重庆鑫源农机股份有限公司
1WG6.3 — 110FC-Z	配套动力 6.3 千瓦；整机结构质量 130 千克；耕宽 1.1 米；耕深≥100 毫米	重庆威马农业机械有限公司
FJ500	整机重量 60 千克；耕宽 0.9 米；耕深≥100 毫米；生产率≥0.6 亩 / 小时	重庆嘉陵－本田发动机有限公司

三、开沟机

开沟机主要用于稻田、牧草地、蔬菜地、果园地的开沟排水，机具小巧轻便，操作灵活，采用抛土式开沟方式，可在黏土及硬土壤直接开沟，不用事先耕耘，较好解决了传统开沟依靠人工、劳动强度大、效率低的问题，见图 6–13 至图 6–15。

图 6–13　“清旋”牌 1KJ 系列圆盘开沟机

图 6–14　“清旋”牌 1KJ 系列圆盘开沟机工作场景

图 6-15 重庆捷耕机械有限公司开沟机

开沟机代表厂家有：江苏清淮机械有限公司、重庆捷耕机械有限公司。

"清旋"牌 1KJ 系列圆盘开沟机配套 50 ~ 80 马力轮式拖拉机使用，广泛应用于稻油轮作地区旱作物田的开沟排水，特别适用于油菜、牧草等作物田块的开沟排水。主要技术参数见表 6-4。联系方式：0517-89866298。

表 6-4 清旋牌 1KJ 系列圆盘开沟机主要技术参数

技术参数		单圆盘开沟机		双圆盘开沟机
		1KJ-35 型	1KJ-35K（加宽型）	1KJ-35A 型
配套动力（千瓦）		36.7 ~ 51.5	36.7 ~ 51.5	36.7 ~ 51.5
动力输出轴转速（转 / 分钟）		720	720	720
刀盘转速（转 / 分钟）		228	228	228
刀盘线速度（米 / 秒）		11.7	11.7	11.7
生产率（米 / 小时）		2 000 ~ 3 500	2 000 ~ 3 500	2 000 ~ 3 500
沟深（厘米）		30 ~ 40	30 ~ 40	30 ~ 35
沟底宽（厘米）		10 ~ 13	12 ~ 14	12 ~ 14
沟面宽（厘米）	矩形	12 ~ 13	—	—
	梯形	18 ~ 20	28 ~ 38	28 ~ 38
刀盘犁刀数（把）		18（主 12 辅 6）	18（主 12 辅 6）	16（左右各 8）
外形尺寸（毫米）		1 500 × 700 × 1 400	1 500 × 770 × 1 400	1 100 × 850 × 1 300

（续）

技术参数	单圆盘开沟机		双圆盘开沟机
	1KJ-35 型	1KJ-35K（加宽型）	1KJ-35A 型
整机质量（千克）	290	295	305
传动方式	单级齿轮传动		中间齿轮传动
连接方式	后置式三点悬挂		后置式三点悬挂

重庆捷耕机械有限公司的开沟机 3TG6.3 配套动力 6.3 千瓦，开沟深度 25 ~ 40 厘米，开沟宽度 20 ~ 40 厘米，刀具转速 350 ~ 500 转 / 分钟，作业效率 800 米 / 小时。联系方式：023-68321688。

四、深松机

深松机主要适用于土层较厚的壤土、黏土等多种类型土壤的深松整地，见图 6-16 至图 6-19。深松作为保护性耕作四大核心技术之一，能够打破犁底层，加深耕作层而不翻转土壤，有效调节土壤固、液、气三相比，改善耕层结构，减少地表径流，减少土壤水蚀，提高土壤蓄水抗旱能力，实现上虚下实、虚实并存的耕层结构，是作物生长发育的理想耕层。深松机产品主要配置及参数见表 6-5。

深松机代表厂家有：马斯奇奥（青岛）农业机械有限公司、西安永晨机械设备有限公司、河南豪丰机械制造有限公司、山东大华机械有限公司等。

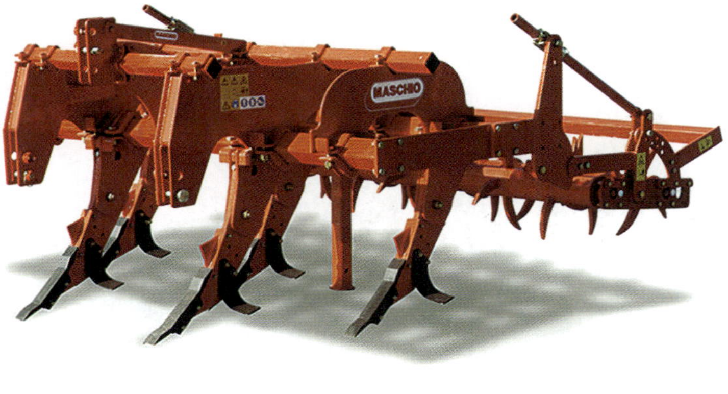

图 6-16　马斯奇奥 TERREMOTO 中耕式深松机

图 6-17　1S-1800 型深松机

图 6-18　1S-200 型深松机

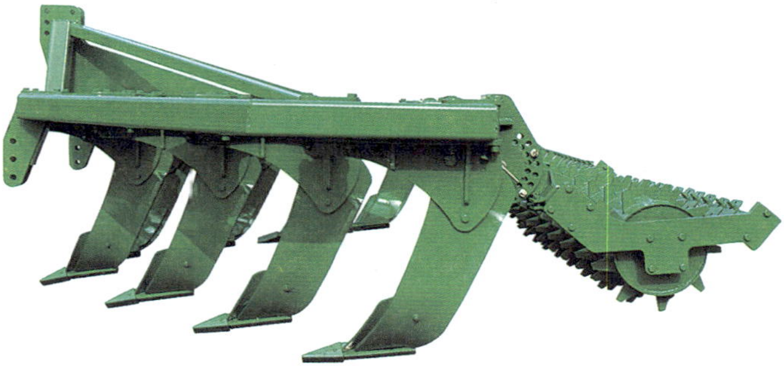

图 6-19　1S-200 型深松机

表 6-5　深松机产品主要配置及参数

产品型号	主要配置及参数	生产厂家
马斯奇奥 TERREMOTO 中耕式深松机	深松深度 25 ~ 45 厘米	马斯奇奥（青岛）农机制造有限公司
1S-1800	外形尺寸 1 600 毫米 ×1 500 毫米 ×1 150 毫米；结构质量 320 千克；工作铲数 5 个；工作幅宽 180 厘米；铲间距 360 毫米；深松深度 30 ~ 35 厘米；生产率 10.8 ~ 21.6 亩 / 小时；配套动力（拖拉机）36.8 ~ 58.8 千瓦；连接方式：后三点悬挂	西安永晨机械设备有限公司
1S-200	外形尺寸 1 500 毫米 ×2 020 毫米 ×1 400 毫米；结构质量 420 千克；深松行数 4 行；工作幅宽 200 厘米；配套动力 44.1 ~ 58.8 千瓦；工作效率 6 ~ 9 亩 / 小时；连接方式：后三点悬挂	河南豪丰机械制造有限公司
1S-200	结构质量 880 千克；工作铲数 4 个；工作幅宽 200 厘米；铲间距 50 毫米；深松深度 25 ~ 70 厘米；生产率≥18 亩 / 小时；配套动力（拖拉机）≥63 千瓦；连接方式：后三点悬挂	山东大华机械有限公司

第三节　整地机械

耕地作业后，耕地内还留有较大土块或空隙，地表不平整、不利于播种等后续作业。整地是破碎土块，平整地表，进一步松土，混合土肥，改善播种和种子发芽条件的耕作措施。重庆丘陵山区牧草地常用的整地机械有起垄机、双轴灭茬旋耕机等。

一、起垄机

起垄机主要适用于薯类、烟草、蔬菜类、牧草地的地块间耕后起垄作业，见图 6-20、图 6-21。起垄机产品主要配置及参数见表 6-6。

图 6-20　重庆威马农业机械有限公司 WM650 型田园管理机

图 6-21　重庆合盛工业有限公司 HS1GZ-105V1 型起垄机

表 6-6　起垄机产品主要配置及参数

产品型号	主要配置及参数	生产厂家
WM650	开沟宽度 150～290 毫米；起垄高度：150～300 毫米；起垄宽度：400～700 毫米	重庆威马农业机械有限公司
HS1GZ-105V1	配套动力 6.3 千瓦风冷式柴油机；起垄高度：300 毫米（可调）；起垄宽度：600～780 毫米；整机重量 125 千克	重庆合盛工业有限公司

起垄机代表厂家有：重庆威马农业机械有限公司、重庆合盛工业有限公司等。

二、双轴灭茬旋耕机

双轴灭茬旋耕机主要适宜牧草秸秆、油菜秸秆、绿肥等粉碎、灭茬、翻耕埋地作业，机手乘坐式操作，是一种埋草与碎土旋耕为一体的新型秸秆还田的耕作机具，是改良土壤、培肥地力、改变土壤板结、减少化肥投入、实现农业稳产增收的新型农用机具，见图 6–22、图 6–23。双轴灭茬旋耕机产品主要配置及参数见表 6–7。

图 6–22　山东英格索兰机械有限公司 1GKN–200 型灭茬旋耕机

图 6–23　马斯奇奥（青岛）农业机械有限公司 TORNADO230 型秸秆粉碎机

表 6-7 产品主要配置及参数

产品型号	主要配置及参数	生产厂家
1GKN 系列	规格有2米、2.5米、2.7米、3米、4米。2米灭茬旋耕机1GKN-200主要性能参数包括：外形尺寸950毫米×2 130毫米×1 250毫米；结构质量430千克；宽幅2 000毫米；耕深10～20毫米；传动方式：中间齿轮转动；连接方式：三点悬挂；标定功率≥52千瓦	山东英格索兰机械有限公司
TORNADO230 型	配套动力100马力以上的拖拉机；作业幅宽2.3米；机器总宽度2.5米；刀片数量48套；机器重量910千克	马斯奇奥（青岛）农业机械有限公司

双轴灭茬旋耕机代表厂家有：山东英格索兰机械有限公司、马斯奇奥（青岛）农业机械有限公司等。

第四节 播种机械

播种机械是指将作物种子按农艺要求播入土壤的机械，专用于某类播种方式或某种作物的播种机，常冠以作物种类名称，如玉米穴播机、油菜播种机等。我国地域辽阔，作物生产的环境、条件、种植方式等多种多样，南北方有着明显的差异。重庆丘陵山区牧草地常用的播种机械有玉米播种机（器），油菜、高粱撒播机、油菜免耕播种机等。

一、玉米播种机（器）

玉米播种机（器）是指以作物玉米种子为主要播种对象的种植机械，见图 6-24、图 6-25。玉米播种机产品主要配置及参数见表 6-8。

玉米播种机（器）代表厂家有：河北农哈哈机械集团有限公司、河南省台前县金园农业机械有限公司、重庆卓格豪斯机械有限公司等。

图 6-24 河北农哈哈机械集团有限公司 2BYFSF-4 型仿形勺轮玉米播种机

图 6-25 河南省台前县金园农业机械有限公司金园宝 2BMY-3 型玉米施肥精准播种机

表 6-8 玉米播种机（器）产品主要配置及参数

产品型号	主要配置及参数	生产厂家
2BYFSF 系列仿形勺轮玉米播种机	有 2、3、4 行数规格播种机；其中 2BYFSF-4 主要配置参数：外形尺寸 1 550 毫米 ×2 240 毫米 ×980 毫米；机具重量 330 千克；配套动力 18.38～29.4 千瓦；行距 550～686 毫米；理论株距 120、165、180、225、250、310 毫米；开沟深度 60～80 毫米；播种深度 30～50 毫米；亩播种量 1.5～2.5 千克；化肥箱容积 160 升；4 个容积 8.5 升种子箱	河北农哈哈机械集团有限公司

（续）

产品型号	主要配置及参数	生产厂家
金园宝 2BMY-2 玉米施肥精准播种机	外形尺寸 1 250 毫米 ×1 300 毫米 ×970 毫米；1 600 毫米 ×1 300 毫米 ×970 毫米；播幅 500～900 毫米；整机质量 115～176 千克；配套动力 11～22 千瓦；工作效率 3～5 亩 / 小时；作业行数 2～3 行	河南省台前县金园农业机械有限公司
玉米播种器	实现玉米二行播种；行间距 20 厘米；作业效率 2 亩 / 小时，与微耕机配套使用	重庆卓格豪斯机械有限公司

二、油菜、高粱撒播机

油菜、高粱撒播机是采用背负式喷雾喷粉机或电动撒肥机直接撒播油菜、高粱、饲草种子的一种轻简化栽培机器。撒播油菜、高粱简单易行，不受田块大小、土壤、天气等的制约，播种效率高，一人一天可播 30～40 亩，且通过控制用种量能合理密植，具有较好的省工节本增效作用，有效解决重庆市规模化种植油菜、饲草生产育苗移栽用工成本高和机械直播受田块、土壤等因素制约的问题，见图 6-26、图 6-27。

目前重庆在用的油菜、高粱、饲草机械化撒播机代表厂家有：山东华盛中天机械集团股份有限公司喷雾喷粉机、襄阳市东方绿园植保器械有限公司多功能电动撒肥机等。

图 6-26　山东华盛中天机械集团股份有限公司喷雾喷粉机

图 6-27　襄阳市东方绿园植保器械有限公司多功能电动撒肥机

第五节　田间管理机械

一、施肥机械

施肥机械主要是指在耕翻、播种中将有机肥、化肥按农艺要求施于土壤表层或设定土层中的机械或者装置，见图 6–28、图 6–29。

1. 山东天盛机械制造有限公司的 DFC 系列大型施肥机　主要适用于耕前撒施底肥、耕后播种和草场、牧场的种肥撒播作业。可撒播颗粒化肥、草场种子、农业石膏、干燥有机粪肥等。山东天盛机械制造有限公司的施肥机 DFC–7500 主要技术参数包括：转载容量 3.75 米^3，施肥宽度 6 ~ 16 米，配套动力 66 ~ 73 千瓦。

2. 上海世达尔现代农机有限公司的 2F 系列施肥机　适用于颗粒状化肥、结晶状化肥以及颗粒状有机肥的施肥作业。撒播量可根据需要进行调节，其中施肥机 2FS-1200 主要技术参数包括：配套动力≥70 马力拖拉机，肥料箱容积 1 200 升，撒肥幅宽：粉状 6～12 米、粒状 12～24 米，机器质量 210 千克。

图 6-28　山东天盛机械制造有限公司 DFC-7500 型大型施肥机

图 6-29　上海世达尔现代农机有限公司 2FB-600 型化肥施肥机

二、植保机械

植保机械主要是用于防治农作物病虫、杂草危害的施药液机械。常用的植保机械有：电动喷雾机、机动喷雾喷粉机（含背负式机动喷雾喷粉机、背负式机动喷雾机、背负式机动喷粉机）、动力喷雾机（含担架式、推车式机动喷雾机）、弥雾机、植保无人机、杀虫灯（含灭蛾灯、诱虫灯）和自走式喷雾机等。

1. 电动喷雾机　见图 6–30、图 6–31，产品主要配置及参数见表 6–9。

代表厂家有：富士特有限公司、湖南丰茂植保机械有限公司等。

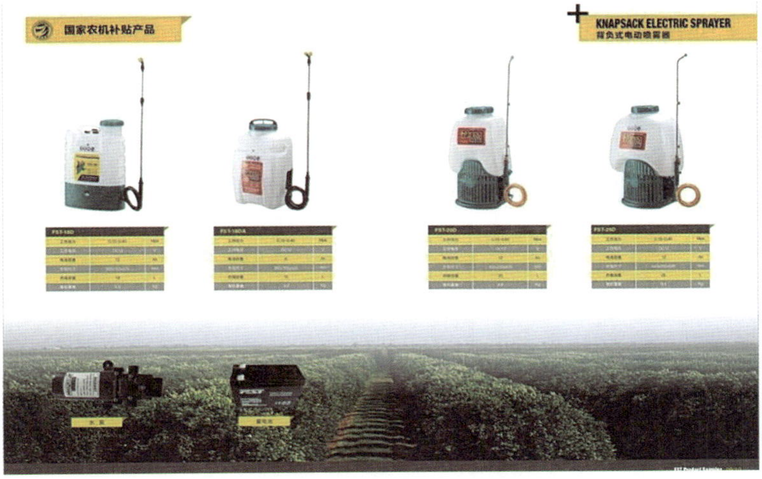

图 6–30　背负式喷雾机

图 6–31　湖南丰茂植保机械有限公司 LB–20D 型电动低量喷杆喷雾机

表 6-9　电动喷雾机产品主要配置及参数

产品型号	主要配置及参数	生产厂家
FST-18D	雾粒直径 30～90 微米；工作压力 0.15～0.4 兆帕；药箱容量 18 升；整机净重 5.3 千克	富士特有限公司
LB-20D	喷杆长 3.6 米；喷幅 4.3 米，喷杆可根据作物不同的生长期上下调节；整机重量 8.5 千克；药箱容积 20 升；流量 2 升 / 分钟	湖南丰茂植保机械有限公司

2. **动力喷雾机**　用发动机或电动机驱动将药液加压并经喷头将其分散为雾状的一种喷雾机器，见图 6-32 至图 6-35。产品主要配置及参数见表 6-10。

动力喷雾机代表厂家有：湖南丰茂植保机械有限公司、重庆宏美科技有限公司、富士特有限公司等。

表 6-10　动力喷雾机产品主要配置及参数

产品型号	主要配置及参数	生产厂家
3WZ-25	配置 4 个喷头；射程 15～17 米；整机重量 75 千克；标定功率 6.0 千瓦；液泵流量 60～80 升 / 分钟；工作压力 2～4 兆帕；吸水高度 3 米；喷枪流量 30 升 / 分钟	湖南丰茂植保机械有限公司
3WZ-22-1350	结构尺寸 740 毫米 ×340 毫米 ×390 毫米；整机重量 27 千克；功率 3.5 千瓦；流量 22 升 / 分钟	重庆宏美科技有限公司
FST-22H	外形尺寸 1 000 毫米 ×480 毫米 ×900 毫米；整机重量 46 千克；额定流量 15～22 升 / 分钟；喷枪水平射程≥10 米	富士特有限公司

图 6-32　湖南丰茂植保机械有限公司 3WZ-25 型手推式鹰形机动喷雾机主机

图 6-33　湖南丰茂植保机械有限公司 3WZ-25 型手推式鹰形机动喷雾机喷头

图 6-34　重庆宏美科技有限公司 3WZ-22-1350 型机动动力喷雾机

图 6-35　富士特有限公司 FST-22H 型动力喷雾机

3. 弥雾机 是利用脉冲喷气原理设计制造的新型施药、施肥、杀虫、灭菌的烟雾型机器，可以把药物和肥料制成烟雾或水雾状，具有极好的穿透性和弥漫性，附着性好，抗雨水冲刷强，操作方便，大幅度减少药物用量，工作效率高，杀虫灭菌效果好，利于环保等特点，见图 6–36。

图 6–36 烟雾机

潍坊金亮机械有限公司的烟雾机 6HYC–80K 主要技术参数包括：外形尺寸 1 278 毫米 ×235 毫米 ×358 毫米，喷雾量 8 ~ 80 升 / 小时，药箱容积 15 升，油箱容积 1.5 升，燃油情况：93# 以上纯汽油（不添加润滑油），点火电源 12 伏免维护电瓶，耗油 3.6 升 / 小时，工作环境温度在 –10 ~ 35℃，空气湿度：30% ~ 80%。

4. 太阳能杀虫灯 白天将太阳能转换成电能，利用光源对害虫的引诱力，将害虫引诱飞来在高压电网瞬间放电将其杀死，降低病虫害指数，防治虫害和虫媒病害的专用装置，见图 6–37。适用于草场、果园、茶园、苗圃、自然保护区、居住小区等场所，可有效杀死各类害虫。产品主要配置及参数见表 6–11。

杀虫灯代表厂家有：鹤壁佳多科工贸股份有限公司等。

表 6–11 太阳能杀虫灯产品主要配置及参数

产品型号	主要配置及参数	生产厂家
PS–15II 光控型	全天候、不怕雨水、防雷击、耐高温、防腐蚀、误触安全、雨天自动保护、光控：晚上自动开灯，白天自动关灯；控制面积 30 ~ 60 亩，撞击面积 0.2 米 ^{2}；功率≤35 瓦；工作电压：AC220 伏	鹤壁佳多科工贸股份有限公司

图 6–37　太阳能杀虫灯

5. 自走式喷雾机

（1）自走式喷雾机　带有喷雾功能的搬运机具有优良的机动性及通过性，拆除药箱后，可作为田间搬运机使用，可实现一机多用，大大提高机器的利用率，见图 6–38。

自走式喷雾机代表厂家有：筑水农机（常州）有限公司、重庆威马农业机械有限公司、重庆宏美科技有限公司等。

图 6–38　小型履带自走式喷雾机

（2）自走式风送喷雾机　临沂三禾永佳动力有限公司生产的 3WZ-500LD 自走式风送果林喷雾机适用于标准化种植模式的柑橘、茶、葡萄、甜高粱、皇竹草等高枝作物喷施农药、叶面肥和土壤液态肥，见图 6-39。整车行驶采用喷施多缸风冷 17.9 千瓦发动机，喷雾系统采用韩国进口多缸水冷 45 千瓦动力配置。最大喷雾直径 30 米，每小时作业量 70～100 亩，每 500 升喷雾时间 20～25 分钟。车体宽 1.33 米、高 1.3 米，转弯半径不超过 1.4 米，履带式可实现 360° 转弯，较适合南方多雨地域。

图 6-39　临沂三禾永佳动力有限公司生产的 3WZ-500LD 型自走式风送喷雾机

6. **低空植保无人机**　用于农林植物保护作业的无人驾驶飞机，由飞行平台（固定翼、单旋翼、多旋翼）、GPS 飞控、喷洒机构三部分组成，通过地面遥控或 GPS 飞控，能快速、高效地完成农作物病虫草害的防治，同时受地理因素的制约小，无论在山区或平原、水田或旱地，以及不同的作物生长期，农药的喷洒均能良好完成。与地面机械田间作业相比，飞机作业还有降低作业成本、不会留下辙印和损坏农作物的特点。施药人员远离施药环境，避免近距离接触农药导致的健康危害，劳动强度也大大降低。农业航空植保是农业机械化的发展和延伸，用飞机进行航化作业是应用在农业生产的一项高新技术，是农业现代化的显著特征和标志之一，是将来农业机械、农业现代化发展的重要方向。目前国内植保无人机载药量 5～30 千克不等，空中飞行时间 15 分钟左右，作业效率 2～5 亩 / 分钟，控制飞行距离 2 ~ 10 千米不等，见图 6-40 至图 6-42。

图 6-40 植保无人机起飞

植保无人机代表厂家有：极飞无人飞行器科技有限公司、现代农装科技股份有限公司、珠海羽人飞行器有限公司、广西南宁农博士农业新技术有限公司等。

图 6-41 植保无人机作业

图 6–42　8 翼植保无人机

第六节　收获机械

一、割草机

割草机又称除草机、剪草机、草坪修剪机等，是一种用于修剪草坪、植被等的机械工具，由刀盘、发动机、行走轮、行走机构、刀片、扶手、控制部分组成，见图 6–43、图 6–44。

图 6–43　轮式割草机

筑水农机（常州）有限公司的轮式割草机 MH60V2 主要用于柑橘果树树冠周围生长杂草的除草作业，实现柑橘果园杂草绿肥的粉碎，也可以对饲草进行割倒晾晒。该割草机整机结构尺寸较小，高度较低，可以在果树低于 40 厘米的区域穿行。最大功率 5.9 千瓦，机器尺寸 1 900 毫米 ×805 毫米 ×870 毫米，割刀割宽 650 毫米，割高 0～80 毫米，最小回转半径 1 070 毫米，爬坡能力 15°，走行速度：前进 1.0 千米 / 小时、2.0 千米 / 小时、3.3 千米 / 小时，后退 0.9 千米 / 小时。

图 6-44　轮式割草机作业

二、割灌机

割灌机是一种轻便、灵活、高效的割草、割灌木等综合性小型机械，适用于中、小面积地块和山区、丘陵地带及零散地块作业，见图 6-45 至图 6-47。产品主要配置及参数见表 6-12。

割灌机代表厂家有：嘉陵 - 本田发动机有限公司、临沂佳士通农业机械有限公司、宁波奥晟机械有限公司、临沂佐罗动力机械有限公司、台州欧玮机械有限公司等。

表 6-12 割灌机产品主要配置及参数

产品型号	主要配置及参数	生产厂家
UMQ435（3GC-0.95）	外形尺寸 1 960 毫米 ×698 毫米 ×410 毫米；整机质量 7 千克；切割生产率≥6 米^2/ 分钟；切割燃油消耗率≤0.8 升 / 小时	嘉陵 – 本田发动机有限公司
CG431	配套功率 0.75 千瓦；外形尺寸 1 800 毫米 ×600 毫米 ×370 毫米；整机质量 7.5 千克；最大切割直径 20 毫米；作业效率≥1.4 亩 / 小时	临沂佳士通农业机械有限公司
CG350A	配套功率 0.8 千瓦；外形尺寸 1 880 毫米 ×660 毫米 ×430 毫米；整机质量 9.1 千克；最大切割直径 16 毫米；作业效率≥1.3 亩 / 小时	宁波奥晟机械有限公司

图 6-45 嘉陵 – 本田发动机有限公司 UMQ435（3GC-0.95）型割灌机

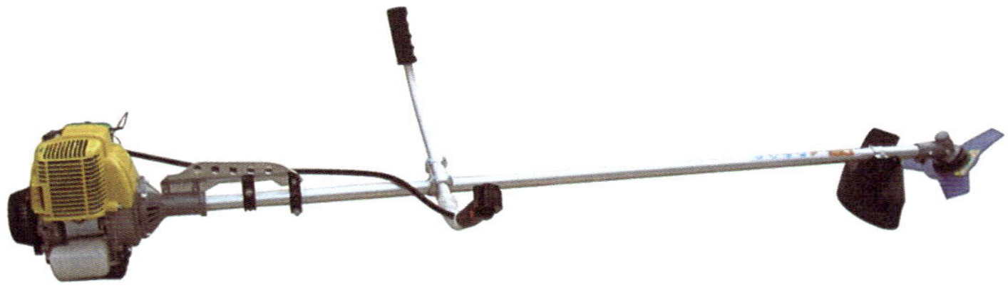

图 6-46 临沂佳士通农业机械有限公司 CG431 型割灌机

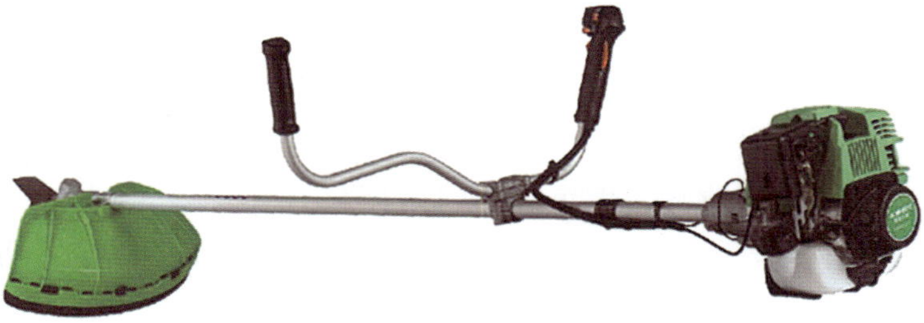

图 6-47　宁波奥晟机械有限公司 CG350A 型割灌机

三、收获机

饲料作物收获机是用来收获或收集玉米、高粱、牧草等农作物，利用收割、喂入、粉碎、抛送等机构把作物切成段，并把碎物抛送到物料箱或单独的挂车内的农业机械。饲料收获机可分为悬挂式、牵引式和自走式三种，割台可分为滚筒式、刀盘式、甩刀式和往复式等。重庆常用的饲料收获机有割草机、搂草摊晒机、压捆机、包膜机等，见图 6-48 至图 6-54。

1. 上海世达尔现代农机有限公司的盘式旋转割草机 9GXD-1.7（MDM1700） 主要用于对各类牧草的收割，如紫花苜蓿、黑麦草、燕麦草等。割草宽度 165 厘米，外形尺寸作业时 330 厘米 ×163 厘米 ×87 厘米，搬运时 143 厘米 ×169 厘米 ×183 厘米，重量 335 千克，圆盘数 4 个，行进速度 4～10 千米/小时，配套动力 35～80 马力拖拉机，见图 6-48。

图 6-48　上海世达尔现代农机有限公司 9GXD-1.7（MDM1700）型盘式旋转割草机

2. **上海世达尔现代农机有限公司的**9LXD–2.5（MGR2500）**型搂草摊晒机** 由机架、回转盘、支撑臂、调节手柄、车轮等部分构成，具有搂草、摊晒、反转三种功能。搂草幅度2.5米，摊开幅度1.6米。该机采用集草优良的凸轮结构，通过一次操作切换，可进行反转作业。可以自动完成对牧草的摊晒、翻晒，最后搂成条状。摊晒、翻晒作业可使收割后的牧草、秸秆等作物在打捆或青贮前进行干燥，将作物均匀摊铺在田间，有利于水分快速蒸发。该机还能够在打捆前将作物集拢成条，提高打捆机的工作效率。搂草宽度250厘米，摊晒宽度160厘米，外形尺寸作业时210厘米 ×250厘米 ×95厘米，搬运时210厘米 ×195厘米 ×95厘米，重量160千克，齿簧数12个，作业速度4～8千米/小时，配套动力18～50马力拖拉机，匹配PTO转速540转/分钟，见图6–49。

图6–49 上海世达尔现代农机有限公司9LXD–2.5（MGR2500）型搂草摊晒机

3. **上海世达尔现代农机有限公司的方草捆打捆机**THB1060 主要用于捡拾各类牧草及水稻、小麦等农作物秸秆，能自动连续作业，打成方草捆，便于运输贮存和深加工。适合在农场、草场条件下作业，可根据作物条件、运输和贮存要求，调整草捆的长度和密度。截面尺寸32厘米 ×42厘米，草捆长度30～100厘米（可调），外形尺寸420厘米 ×167厘米 ×130厘米，重量

920 千克，捡拾宽度（张口）92 厘米，作业速度 4～6 千米 / 小时，配套动力 25～50 马力拖拉机，见图 6-50。

图 6-50　上海世达尔现代农机有限公司 THB1060 型方草捆打捆机

4. **福田雷沃国际重工股份有限公司 MF5040 侧置式方捆压捆机**　适合牧草、秸秆打捆作业。截面尺寸 360 毫米 ×460 毫米，草捆长度 305～1 321 毫米（可调），外形尺寸 6 114 毫米 ×3 048 毫米 ×1 797 毫米，重量 1 685 千克，配套动力≥75 马力拖拉机，见图 6-51。

图 6-51　福田雷沃国际重工股份有限公司 MF5040 型侧置式方捆压捆机

5. 上海世达尔现代农机有限公司的9BM-7050（SWM0810）型圆草捆包膜机 能自动完成圆草捆的青贮裹包，包后能贮存较长时间，拉伸膜能有效阻隔紫外线侵入，与空气隔绝，进行厌氧发酵，保持牧草的新鲜和营养价值，乳牛饲喂后，提高乳量乳质。草捆尺寸直径 × 宽度为50厘米 ×70厘米，外形尺寸作业时150厘米 ×87厘米 ×103厘米，重量85千克，配套动力1.4马力汽油机或1.1千瓦电动机，见图6-52。

图 6-52 上海世达尔现代农机有限公司 9BM-7050（SWM0810）型圆草捆包膜机

6. 上海世达尔现代农机有限公司的9JYD-50（MRB0850）型圆捆机 能自动完成牧草、水稻、小麦和经揉搓的玉米秸秆的捡拾、打捆和放捆，广泛用于干、青牧草，水稻，小麦，玉米秸秆的收集捆扎，便于运输、贮存及深加工，可与包膜机配套，实现青贮饲料的包膜。草捆尺寸直径 × 宽度为50厘米 ×70厘米，外形尺寸115厘米 ×130厘米 ×120厘米，重量390千克，捡拾宽度80厘米，作业速度2～5千米/小时，配套动力25～50马力拖拉机，见图6-53。

上海世达尔现代农机有限公司的9YFQ-1.9Z（TIB3000）型正牵引方草捆打捆机适用于牧草的自动捡拾打捆。捡拾宽度1.92米，见图6-54。

图 6-53　上海世达尔现代农机有限公司 9JYD-50（MRB0850）型圆捆机

图 6-54　上海世达尔现代农机有限公司 9YFQ-1.9Z（TIB3000）型
正牵引方草捆打捆机

第七节　田间搬运机械

田间搬运机械是以柴油机或汽油机为动力，中小吨位（300～2 000 千克）、中低车速，适应我国农村道路情况、运输特点、农民购买力和使用技术水平的一种农用运输机械。农用搬运机械按照移动方式可分为轮式和履带式，按行走装置分为三轮运输车和四轮运输车两大类，见图 6–55 至图 6–57。田间搬运机械产品主要配置及参数见表 6–13。

农业搬运机械代表厂家有：重庆威马农业机械有限公司、筑水农机（常州）有限公司、重庆航天巴山摩托车制造有限公司等。

图 6–55　重庆威马农业机械有限公司 7B–320B 型田园管理搬运机

图 6–56　重庆航天巴山摩托车制造有限公司 BS250AU–41 型多功能沙地车

图 6-57　筑水农机（常州）有限公司 3B81CTDP 型乘坐式履带搬运机

表 6-13　农业搬运机械产品主要配置及参数

产品型号	主要配置及参数	生产厂家
7B-320B	六档变速，整机结构质量 170 千克，载重量 320 千克，整机长 1 600 毫米，宽 680 毫米，高 930 毫米，最低燃料消耗 395 克 /（千瓦·时）	重庆威马农业机械有限公司
3B81CTDP	外形尺寸 2 840 毫米 ×1 185 毫米 ×1 365 毫米，最小离地间隙 170 毫米，履带中心距离 780 毫米，货箱尺寸 1 845 毫米 ×1 080 毫米 ×230 毫米，机器重量 550 千克，最大载重量 850 千克，爬坡能力 25°，最大输出功率 5.8/2 000 千瓦 / 转，前进 6.9 千瓦 / 小时，后退 2.0 千瓦 / 小时	筑水农机（常州）有限公司
BS250AU-41	最大功率及对应转速 11.5/6 500 千瓦 / 转，外形尺寸 2 550 毫米 ×1 200 毫米 ×1 390 毫米，最高车速≥65 千米 / 小时，起动性能≤15 秒；起步加速性能≤15 秒（200 米），超越加速性能≤15 秒（200 米），最小转弯圆半径 3 500 毫米，额定载质量 260 千克，经济车速油耗 5.7 升 /100 千米	重庆航天巴山摩托车制造有限公司

第八节　排灌机械

一、沼液沼渣抽排机

沼液沼渣抽排机是专门针对农村沼气池和化粪池的一款排污水泵，又名切割泵或者抽粪泵。沼液沼渣抽排机外形小巧，重量轻，切割力强。其最大的特点就是机身的底部有一组由高强度合金打造而成的切割式叶轮，能将污水中的长纤维、塑料、纸、带、布条、稻草、绳子等杂质切碎后排出，并且可以直接放入沼气池、化粪池等恶劣水环境中使用。

沼液沼渣抽排设备代表厂家有：四川巨业环保科技有限公司等。四川巨业环保科技有限公司巨业牌沼渣沼液抽排机分户用型和养殖场型两大类。可有效地将农村的粪池、沼气池、禽畜养殖场储粪池中的各种沉淀物（塑料袋、卫生巾、棉麻纤维、秸秆等）完全粉碎后随液体输送到300～500米远的果园、农田。轻松实现清池、输送、灌溉、施肥一体化，促进养殖、种植的结合与产业循环，提升农业综合生产能力。其中沼液沼渣抽排机ZJ-3.75-50-JY（图6-58）主要参数包括：额定流量42米^3/小时，额定扬程12米，额定功率3.75千瓦，额定电压380伏，额定电流5.1安，额定转速2 900转/分钟，额定频率50赫兹，绝缘等级F，设备质量（不包括电缆)50千克，排出口直径50毫米，泵结构：带刀带磨碎盘泵。

图6-58　四川巨业环保科技有限公司ZJ-3.75-50-JY型沼液沼渣抽排机

二、沼液沼渣抽排系统

重庆市农业机械化技术推广总站与四川巨业环保科技有限公司、重庆市农业科学院农机研制的沼液沼渣抽排系统，由抽排机、控制系统、管网系统三个部分组成，移动式（图 6–59）和固定式相结合（图 6–60、图 6–61），以沼渣沼液抽排机为核心，集成配套 PE 等高分子材料管网、快速拆接桩头、手持浇灌管、电动控制阀、遥控（手机控）等装置，实现沼渣沼液机械化、智能自动化输送。沼渣沼液机械化抽排循环利用模式具有农业循环经济的本质特征：以生态经济原理为基础，包含了清洁生产和绿色消费的内容，体现了“减量化、再利用、再循环”原则，具有良好的生态效益与经济效益。全程技术支持：重庆市农业机械化技术推广总站。

图 6–59 移动式沼液抽排系统

图 6–60 固定式沼液抽排系统—中控阀

图 6–61 固定式沼液抽排系统—管网

第七章

典型案例

★ 丰都县大地牧歌农业发展有限公司

——专业订单种草模式

丰都县大地牧歌农业发展有限公司（以下简称“大地牧歌”）是南方丘陵地区饲草专业化生产的典范。大地牧歌成立于2015年2月，注册资本5 200万元，紧紧围绕“牧草研发、牧草种植、饲料加工、高档肉牛养殖、粪污综合利用、市场销售”的发展思路，以草产业为核心，拟打造“草畜一体化”循环经济产业。以种植业、养殖业研发和生产、农产品加工和销售为主营业务，在许明寺镇整体流转土地4 000余亩，用于牧草基地建设。现已投资4 000余万元，完成土地宜机化整治、生产道路建设、沟渠改造等基础设施建设，购置20多台（套）农机设备，建成3 000亩宜机化人工牧草基地，已连片种植牧草2 500余亩，年生产商品草15 000余吨，订单生产销往周边区县以及湖北、四川等省。主要品种有杂交狼尾草、甜高粱、青贮玉米渝青玉3号。示范种植了杂交甜象草、紫象草、桂牧1号等优质高产饲草品种，开展产草量、营养成分测定及比较，通过牧草品质综合评定、市场需求综合分析和宜机化牧草品种筛选，确定规模化种植牧草品种和数量，见图7-1至图7-4。

大地牧歌已成为重庆及其周边地区最大牧草种植基地，荣获“农业产业化市级龙头企业”“重庆市饲草种植利用示范基地”“重庆市丘陵山区高标准农田宜机化土地整理整治试验示范基地”等称号。下一步计划自建3 000头

图 7-1 土地宜机化整治

图 7-2 饲草规模化种植

图 7-3 饲草收割加工

图 7-4　饲草产品

规模的现代化肉牛养殖场 2 个，2019 年建成 1 个，预计每年需要牧草 1.35 万吨；2020 年将建成第 2 个，预计每年需要牧草 5.4 万吨。

★ 重庆荣豪农业发展有限公司

——种 – 养 – 加结合模式

重庆荣豪农业发展有限公司（以下简称荣豪公司）是现代草牧业全产业链循环经济发展的典范。荣豪公司以肉牛生产为重点，以牧草种植为保障，以规模化养殖为突破口，以增加加工效益为目标，依靠政策引导、科技推动、市场拉动，发展全产业链示范。荣豪公司成立于 2010 年 5 月，位于合川区肖家镇，注册资金 2 100 万元，由归国华侨投资兴建，计划总投资 2 亿元。已建成年出栏 5 000 余头的现代化良种肉牛繁育基地，优良肉牛品种扩繁基地 3 000 米 ^{2}，现代化肉牛育肥基地 8 000 米 ^{2}；种植黑麦草、甜高粱等牧草 800 亩；拥有 TMR、自动发料车等系列饲喂设施设备，粪污收集、粪污转移设备，牧草收割、打包、青贮设备，是集规模化、机械化、信息化和产业化于一体的大型肉牛产业基地。该基地种草、养牛、牛肉加工相结合，大力推广“畜 – 沼 – 草”复合生态发展技术，以地定畜、种养结合、生态养殖、精细加工，实现畜牧生产与资源环境承载能力相匹配的生态环保型养殖模式。

荣豪公司通过建设优良品种生产体系，规模化屠宰深加工，品牌化经营，实现了现代化农业全产业链创新；通过走“公司 + 基地 + 合作社 + 农户 + 市场”的运营模式，实现区域经济、企业及农民共同盈利模式；通过规模化生产加工，实现优质农产品升级增值和产业的可持续发展，见图 7–5 至图 7–8。

图 7–5　饲草种植基地

图 7–6　肉牛养殖

图 7-7　生态牧场

图 7-8　“富荣豪”优质牛肉产品

★ 重庆市泰丰畜禽养殖有限公司

——草牧旅融合模式

重庆市泰丰畜禽养殖有限公司（以下简称泰丰公司）是卡斯特地貌地区天然草地改良 + 放牧 + 旅游发展典范。成立于 2013 年，公司驻地武隆县巷口镇黄金村大燕窝，距武隆县城 6.5 千米，毗邻仙女山国际旅游度假区，海拔 850 米，气候适宜。泰丰公司本着“自然生态、多产融合、绿色循环、持续发展”的经营理念，以生态农业为轴心，把草地改良、山羊放牧、餐饮住宿、休闲娱乐、旅游会议、农事体验等产业构建成相互依存、相互转化、互为资源的循环系统。投资 2 500 万元改良 1 000 亩天然草地，建成 500 亩特色水果种植基地、1 000 只山羊养殖基地、50 亩的花木苗圃基地；建设能同时容纳 500 人就餐、100 人住宿、150 人会议的生态农庄；建有放牧场观光亭、烤羊场、免费露天歌城、夜景灯饰赏、休闲步道等乡村旅游设施。将养殖业、种植业、加工业、商业、乡村旅游多业融合，解决农副产品销售难、成本高的问题，解决乡村旅游产品看不到销路、体验不到农事、吃不到绿色放心食品等问题。以乡村旅游带动，实现农副产品就地加工、就地消费、就地销售。年接待游客 2 万余人，年消费山羊 3 000 余只。同时，泰丰公司还组建了武隆县博航畜禽养殖专业合作社，带动全县山羊规模养殖，设置高于市场价格收购山羊的保护价，解决公司周边 30 余农户，10 余户贫困户的增收问题，见图 7-9 至图 7-12。

规划建设下一步大燕窝生态农庄和云上牧羊谷观光旅游项目，打造儿童乐园、室内歌厅、悬崖餐厅、露营基地、登山步道、亭、台、楼、阁、塔、夜景灯饰等配套设施，提升接待设施档次，力争打造成为重庆市知名的绿色生态农庄，进一步扩大种植、养殖规模，建成重庆市最美的山羊场。

图 7-9　草 – 牧 – 旅结合全景

图 7-10　天然牧羊谷

图 7-11 生态旅游——住宿外景

图 7-12 生态旅游——餐饮

参考文献

曹志军，杨军香，田雨佳，等，2014. 青贮制作实用技术 [M]. 北京：中国农业科学技术出版社 .

董宽虎，沈益新，张新全，等，2003. 饲草生产学 [M]. 北京：中国农业出版社 .

李新一，孙洪仁，马金星，等，2010. 主要优质饲草高产栽培技术手册 [M]. 北京：中国农业出版社 .

吕海泉，杨海林，杨镇宇，等，2014. 重庆市农业机械化工作应知应会每日一问 [M]. 北京：中国农业大学出版社 .

罗锡文，2002. 农业机械化生产学 [M]. 北京：中国农业出版社 .

任键，戴微然，2002. 皇竹草特征特性及高产栽培技术 [J]. 农村实用技术（11）：21–23.

尹权为，张璐璐，2013. 重庆地区青贮玉米品种筛选 [J]. 畜牧与饲料科学，34（2）：33–35.

尹权为，张璐璐，玉永雄，等，2010. 重庆地区饲用高粱属作物品种筛选 [J]. 畜牧与饲料科学，31（8）：76–78.

曾兵，黄琳凯，陈超，等，2013. 饲草生产学实验 [M]. 重庆：西南师范大学出版社 .

张英俊，张新全，莫本田，等，2015. 现代草原畜牧业生产技术手册 [M]. 北京：中国农业出版社 .